FACHWISSEN FEUERV

Ninov/John

DROHNENEINSATZ

ecomed
SICHERHEIT

Bibliografische Informationen der deutschen Nationalbibliothek

Die Deutsche Nationalbibliothek verzeichnet diese Publikation in der Deutschen Nationalbibliografie; detaillierte bibliografische Daten sind im Internet über http://www.dnb.de abrufbar.

Bei der Herstellung des Werkes haben wir uns zukunftsbewusst für umweltverträgliche und wiederverwertbare Materialien entschieden. Der Inhalt ist auf chlorfrei gebleichtes Papier gedruckt.

Gendererklärung:
Aus Gründen der besseren Lesbarkeit wird in diesem Werk die Sprachform des generischen Maskulinums angewendet. Es wird darauf hingewiesen, dass die ausschließliche Verwendung der männlichen Form geschlechtsunabhängig zu sehen ist.

ISBN 978-3-609-69526-6

E-Mail: kundenservice@ecomed-storck.de

Telefon: 089/2183–7922
Telefax: 089/2183–7620

www.ecomed-storck.de

Titelbilder: Nico Ninov

Satz: Fotosatz Pfeifer, 82152 Krailling
Druck: Westermann Druck, Zwickau

Vorwort

Die Anforderungen an die Angehörigen der BOS haben sich im Laufe der letzten Jahre erheblich verändert. Genügten früher die Kenntnisse der normalen Brandbekämpfung, müssen heute z.B. selbst kleinere Feuerwehren die unterschiedlichsten Notlagen meistern können, um in Not geratene Menschen oder Tiere zu retten, Sachwerte zu erhalten und die Umwelt vor Schaden zu bewahren.

Dies ist jedoch nur möglich, wenn für alle BOS-Angehörigen eine umfassende und wirksame Aus- und Weiterbildung durchgeführt wird. Diese Forderung steht jedoch dem Problem gegenüber, dass diese Aus- und Weiterbildung von den meist freiwillig tätigen Angehörigen der BOS zusätzlich zu den immer weiter steigenden Anforderungen in deren Berufsleben und den vielfältigen Verpflichtungen im privaten oder familiären Bereich geleistet werden muss.

Letztlich liegt es an jeder Einsatzkraft selbst, ob und in welchem Umfang sie bereit ist, sich durch eine regelmäßige und aktive Teilnahme an der angebotenen Aus- und Weiterbildung den gesteigerten Anforderungen der Feuerwehr zu stellen.

Das Ziel der Broschürenreihe „Fachwissen Feuerwehr“ besteht darin, die Einsatzkräfte mit dem Wissen auszustatten, das in der heutigen Zeit erforderlich ist, um aufgabengerecht und wirkungsvoll tätig zu werden.

Die Funktionsbezeichnungen und personenbezogenen Begriffe gelten sowohl für weibliche, männliche oder diverse Feuerwehrangehörige.

Unbemannte Luftfahrzeuge oder Drohnen, wie sie umgangssprachlich auch genannt werden, sind ein noch recht junges Einsatzmittel in der Brandbekämpfung sowie im Such- und Rettungsdienst. Allerdings haben sie in kurzer Zeit bereits bewiesen, wie vielseitig einsetzbar und nützlich sie sind. Eine Übersicht aus der Vogelperspektive ist nicht zu unterschätzen. Während in der Vergangenheit diese – wenn überhaupt – nur mit sehr viel Aufwand erzeugt werden konnte, können Drohnen heutzutage mit wenigen Handgriffen zum Einsatz kommen und damit einen echten Mehrwert bieten.

Allerdings sind mit dem Einsatzmittel Drohne auch besondere Herausforderungen verbunden. Auch wenn die Geräte genutzt werden, um Menschen am Boden bei ihrer Arbeit zu unterstützen, sind sie dennoch Teilnehmer am Luftverkehr. Daher gilt es bei der Nutzung von Drohnen viel zu berücksichtigen.

Dieses Buch soll einen Überblick geben, was beim Einsatz von Drohnen zu beachten ist. Zu den behandelten Themenfeldern gehören die rechtliche Einordnung der Drohnenbetriebe, die richtige Technik und Schulung der Einsatzkräfte, mögliche Einsatzbereiche sowie die Einbindung und Koordination im Einsatz.

Dabei sind die Inhalte explizit auf die Nutzung von Drohnen durch Behörden und Organisationen mit Sicherheitsaufgaben (BOS) zugeschnitten. Hierfür wurde nicht nur auf eigene langjährige Erfahrungen im Dienst der Freiwilligen Feuerwehr zurückgegriffen, sondern es wurden auch diverse Interviews mit Einsatzkräften aus den Bereichen Berufsfeuerwehr, Freiwillige Feuerwehr, Deutsche Lebens-Rettungs-Gesellschaft e.V. (DLRG), Deutsches Rotes Kreuz (DRK), Johanniter und Bundespolizei sowie mit Hubschrauberpiloten aus der bemannten Luftfahrt geführt.

Dieses Buch beschäftigt sich nicht mit der Fragestellung, ob Drohnen in der Feuerwehr oder im Such- und Rettungsdienst grundsätzlich eingesetzt werden sollten. Diese Frage muss jede Einsatzstelle für sich selbst beantworten. Schließlich reicht die Anschaffung des Fluggerätes allein nicht aus. Vielmehr muss ausreichend Personal vorhanden und geschult sein, um die Geräte auch sicher und effizient nutzen zu können. Hierbei möchten wir eine Hilfestellung liefern.

Flurlingen, November 2022 — Nico Ninov
Hamburg, November 2022 — Sabrina John

Inhalt

1 Einleitung

In den nachfolgenden Kapiteln dieses Buches werden zunächst die wichtigsten Begriffe, die zum Verständnis notwendig sind, erläutert und die rechtlichen Grundlagen erklärt. Dabei wird maßgeblich Bezug genommen auf die aktuelle Europäische Durchführungsverordnung (EU) 2019/947 sowie das national geltende Luftverkehrsgesetz und die zugehörige Luftverkehrs-Ordnung. Im nachfolgenden Kapitel wird erklärt, in welcher Form ein Ausbildungskonzept für Fernpiloten vom Gesetzgeber vorgesehen ist und bietet anschließend Vertiefungsempfehlungen in Theorie und Praxis für BOS, welche unter anderem auch vom Bundesamt für Bevölkerungsschutz ausformuliert wurden. [2]

Zusätzlich werden Steckbriefe der häufigsten und neuesten Drohnenmodelle dargestellt, welche speziell für den Einsatz durch BOS entwickelt wurden und unverzichtbare Eigenschaften, wie eine Wärmebildkamera an Bord haben. Darauf folgt eine Reihe taktischer Empfehlungen, bei denen es im Wesentlichen darum geht zu verstehen, welche Schritte bei verschiedenen Einsatzarten erforderlich sind, die maßgeblich zum Erfolg eines Einsatzes führen können. Zudem gibt ein Einsatzbericht aus einem Feuerwehreinsatz einen Einblick in die Abläufe und Gewohnheiten, die sich mit der Zeit in einer Einheit entwickeln.

Abbildung 1: Ausrücken zur Drohnenübung mit der Drohne (Quelle: Nico Ninov)

2 Begriffe

Unbemanntes Luftfahrzeugsystem (unmanned aircraft system, UAS): Ein unbemanntes Luftfahrzeug sowie die Ausrüstung für dessen Fernsteuerung. [1]

Unbemanntes Luftfahrzeug (unmanned aircraft, UA): Ein Luftfahrzeug, welches ohne Besatzung an Bord automatisch durch einen Computer oder über eine Fernsteuerung durch einen Fernpiloten betrieben wird.

UAS-Betreiber (UAS operator): Eine juristische oder natürliche Person, die ein oder mehrere UAS betreibt oder zu betreiben gedenkt. [1] Diese kann sich von dem eigentlichen Drohnenpiloten unterscheiden.

Fernpilot, Drohnenpilot (Remote Pilot, RP): Eine natürliche Person, die ein UAS steuert und eine entsprechende Qualifikation nach EU 2019/947 dafür benötigt.

Unbeteiligte Personen (uninvolved persons): Personen, die nicht am UAS-Betrieb beteiligt sind oder die Anweisungen und Sicherheitsvorschriften des UAS-Betreibers nicht kennen. [1]

Menschenansammlungen (assemblies of people): Eine Vielzahl von Menschen, die so dicht gedrängt stehen, dass es einer einzelnen Person nahezu unmöglich ist, sich aus dieser Menge zu entfernen. [1]

Geografisches UAS-Gebiet (UAS geographical zone): Ein von der zuständigen Behörde festgelegter Teil des Luftraums, der den UAS-Betrieb ermöglicht, einschränkt oder ausschließt, um den mit dem UAS-Betrieb verbundenen Risiken für die Sicherheit, den Schutz der Privatsphäre und personenbezogener Daten, die Sicherheitslage oder die Umwelt Rechnung zu tragen. [1]

Kontrollierter Bereich am Boden (controlled ground area): Ein Bereich am Boden, innerhalb dessen das UAS betrieben wird und der UAS-Betreiber dafür sorgen kann, dass nur beteiligte Personen anwesend sind. [1]

Betrieb in direkter Sicht (visual line of sight operation, VLOS): Eine UAS-Betriebsart, bei der der Fernpilot in der Lage ist, einen ununterbrochenen und nicht unterstützten Sichtkontakt mit dem unbemannten Luftfahrzeug aufrechtzuerhalten, sodass er dessen Flugweg so steuern kann, dass Kollisionen mit anderen Luftfahrzeugen, Menschen und Hindernissen vermieden werden. [1]

Erweiterter Betrieb in direkter Sicht (extended visual line of sight operation, EVLOS): Eine UAS-Betriebsart, bei der ein oder mehrere zusätzliche Luftraumbeobachter anstelle der Drohnenpiloten das UA und dessen Umgebung im Luftraum permanent im Blick behalten und die Drohnenpiloten auf Gefahren hinweisen.

Betrieb außerhalb direkter Sicht (beyond visual line of sight operation, BVLOS): Eine UAS-Betriebsart, bei der weder der Drohnenpilot noch ein Luftraumbeobachter das UAS im Blick hat.

Höchstzulässige Startmasse (maximum take-off mass, MTOM): Die vom Hersteller oder Erbauer festgelegte höchstzulässige Masse des unbemannten Luftfahrzeugs, einschließlich Nutzlast und Kraftstoff, mit der bzw. dem das unbemannte Luftfahrzeug betrieben werden kann. [1]

Robustheit (robustness): Die Wirkung der Maßnahmen zur Risikominderung, die sich aus dem Zugewinn an Sicherheit durch diese Maßnahmen und dem Maß an Absicherung und Integrität ergibt, das durch den Zugewinn an Sicherheit erreicht wurde. [1]

FPV-Drohne (first person view): Eine Drohne, die von einem Drohnenpiloten gesteuert wird, die nur durch Betrachten des Kamera-Live-Streams von der Drohne zur Videobrille des Drohnenpiloten über die nächsten Steuerbefehle entscheidet.

Starrflügler: Eine bestimmte Art Drohne, bei der der Auftrieb durch Tragflächen (Flügel) und einen Triebwerk- oder Propellerantrieb für den Vorwärtsantrieb erzeugt wird.

Multirotor: Eine bestimmte Art Drohne, bei der der Auftrieb nicht durch Tragflächen, sondern durch Motoren und Propeller erzeugt wird.

3 Rechtliche Grundlagen

3.1 Luftrecht

3.1.1 Europäisch

Am 31.12.2020 wurde die in Deutschland bisher geltende Drohnenverordnung durch europäisch harmonisierte Regelungen abgelöst. Die Durchführungsverordnung (EU) 2019/947 regelt seither den Betrieb unbemannter Luftfahrzeuge oder Unmanned Aircraft Systems (UAS). Die Delegierte Verordnung (EU) 2019/945 enthält die Anforderungen an die Konstruktion und Herstellung der UAS.

Ergänzt wird das Regelwerk durch Leitlinien (Guidance Material, GM) und annehmbare Nachweisverfahren (Acceptable Means of Compliance, AMC). Die Leitlinien sollen dabei helfen, den Verordnungstext zu verstehen und richtig auszulegen. Die annehmbaren Nachweisverfahren enthalten Vorschläge, wie die Anforderungen aus der Verordnung erfüllt werden können. Die AMC sind rechtlich nicht bindend. Das heißt, man kann von den darin vorgeschlagenen Vorgaben auch abweichen. Allerdings bedarf es hier eigener Nachweisverfahren, um die Wirksamkeit der Maßnahmen zu belegen.

Die EU-DVO 2019/947 führte erstmalig das Konzept eines risikobasierten Ansatzes ein. Darin wird der Betrieb in drei Kategorien unterteilt: offen (open), speziell (specific) und zugelassen (certified), wobei die offene Kategorie ein eher geringes Risiko und die zugelassene Kategorie ein hohes Risiko darstellt.

Die offene Kategorie umfasst den Betrieb von kleineren Drohnen bis 25 kg innerhalb der Sichtweite der Fernpiloten (visual line of sight, VLOS) mit entsprechendem Abstand zu Personen und nicht höher als 120 m über Grund. Sind die Voraussetzungen aus der offenen Kategorie erfüllt, muss für den Betrieb keine Betriebsgenehmigung eingeholt werden.

Können die Voraussetzungen der offenen Kategorie jedoch nicht erfüllt werden, da der Betrieb beispielsweise außerhalb der Sichtweite des Fernpiloten (beyond visual line of sight, BVLOS) durchgeführt werden soll, landet man in der Regel in der speziellen Kategorie. Der Betrieb in dieser Kategorie bedarf einer Betriebsgenehmigung durch die zuständige Behörde.

Sollen Menschenansammlungen überflogen, Menschen befördert oder gefährliche Güter transportiert werden, die ein hohes Risiko für Dritte darstellen, wird der Betrieb der zulassungspflichtigen Kategorie zugeordnet. Dies bedeutet, dass sowohl das UAS als auch der Betrieb zugelassen sein müssen.

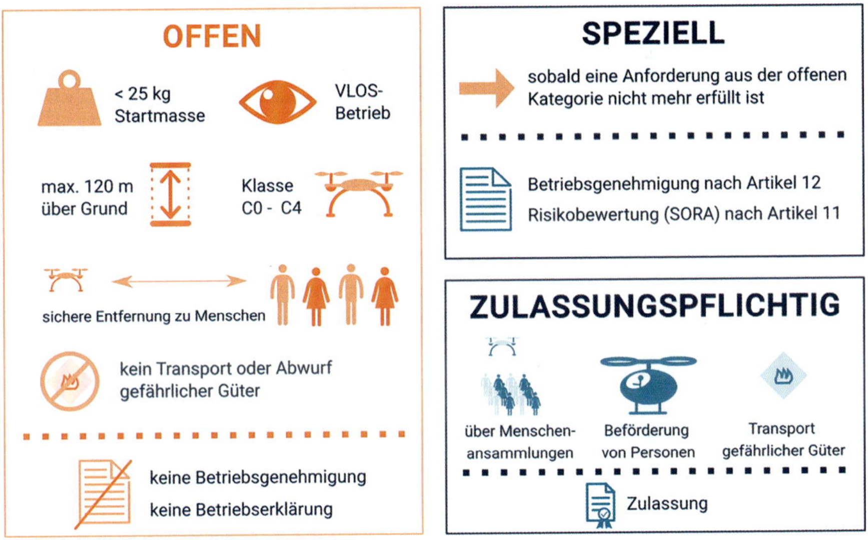

Abbildung 2: Überblick über die einzelnen Betriebskategorien (Quelle: Sabrina John)

3.1.2 Die Unterkategorien der „offenen“ Betriebskategorie

Die „offene“ Betriebskategorie unterteilt sich in drei Unterkategorien. Diese unterscheiden sich darin, mit welchen Drohnenklassen und in welchem Abstand zu Personen geflogen werden darf. Darüber hinaus sind je nach Unterkategorie unterschiedliche Qualifikationen notwendig. So benötigen die Fernpiloten für die Unterkategorien A1 und A3 einen entsprechenden EU-Kompetenznachweis, wohingegen die Fernpiloten für den Betrieb in der Unterkategorie A2 ein sogenanntes „A2-Fernpilotenzeugnis“ vorweisen müssen. In Kapitel 4 werden die Qualifikationen näher erläutert.

Unterkategorie	UAS-Klasse	Erlaubter Betriebsbereich	Qualifikation
A1 Nahe Menschen	**C0** < 250 g	Bereiche, in denen nicht ausgeschlossen werden kann, dass **unbeteiligte Personen** überflogen werden.	keine
	C1 < 900 g	Bereiche, in denen angenommen werden kann, dass **keine unbeteiligten Personen** überflogen werden.	Online-Training und Online-Prüfung
A2 Sichere Distanz zu Menschen	**C2** < 4 kg	Bereiche, in denen ein horizontaler Mindestabstand von **30 m (5 m)** zu unbeteiligten Personen eingehalten werden kann.	Online-Training und Online-Prüfung, praktische Selbsterklärung
A3 Weit von Menschen entfernt	**C3** < 25 kg	Bereiche, in denen keine unbeteiligten Personen gefährdet werden (größerer Sicherheitsabstand) und zumindest 150 m entfernt von Wohnsiedlungen, Industrieanlagen, Freizeitanlagen und Ähnlichem.	Online-Training und Online-Prüfung
	C4 < 25 kg		

Abbildung 3: Die Unterkategorien in der „offenen“ Betriebskategorie (Quelle: Nico Ninov)

3.1.3 Sonderfall Staatsluftfahrt

Dass die europäischen Verordnungen in den Mitgliedstaaten unmittelbar anzuwenden sind, liegt daran, dass die Mitgliedstaaten die Gesetzgebungskompetenz in vielen Bereichen, wie etwa im Luftverkehrsrecht, an die EU übertragen haben. Daher wurde die Europäische Agentur für Flugsicherheit (EASA) beauftragt, entsprechende Regelungen für den Betrieb von Drohnen zu entwickeln. Das Mandat hierfür ist in der Verordnung (EU) 2018/1139 zu finden. Allerdings gibt es darin auch Ausnahmen. So sind gemäß Artikel 2 Abs. 3 die Luftfahrzeuge und deren Betrieb im Dienste für Militär, Polizei,

Such- und Rettungsdienste, Brandbekämpfung, Grenzkontrolle und Küstenwache zunächst einmal von den europäischen Regelungen ausgenommen. Das heißt, dass europäisches Recht in diesen Bereichen nicht zur Anwendung kommt, es sei denn, der Mitgliedstaat entscheidet dies entsprechend über das sogenannte Opt-in-Verfahren.

Auch wenn die Mitgliedstaaten entscheiden, den Bereich der sogenannten Staatsluftfahrt eigenständig zu regeln, müssen sie dennoch sicherstellen, dass „die Sicherheitsziele der […] Verordnung […] angemessen berücksichtigt werden“ (Art. 2 Abs. 3 EU-DVO 2018/1139).

3.1.4 National

In Deutschland finden sich Regelungen zu unbemannten Luftfahrzeugen insbesondere im Luftverkehrsgesetz (LuftVG) und in der Luftverkehrs-Ordnung (LuftVO). Aufgrund des Wirksamwerdens der EU-Regelungen mussten die bisher geltenden Vorschriften angepasst werden. Die Novellierung des Rechtsrahmens für unbemannte Luftfahrzeuge erfolgte im Juni 2021 und umfasste u.a. die Festlegung von Zuständigkeiten, die Registrierung von UAS-Betreibern sowie die Festlegung geografischer UAS-Gebiete. Artikel 15 der EU-DVO 2019/947 räumt den Mitgliedstaaten die Möglichkeit zur Festlegung sogenannter geografischer UAS-Gebiete aus Gründen der Sicherheit und Gefahrenabwehr, des Schutzes der Privatsphäre oder der Umwelt ein. Diese sind auf nationaler Ebene in § 21 h Abs. 3 LuftVO geregelt. So ist zum Beispiel der Betrieb „über und innerhalb eines seitlichen Abstands von 100 Metern von Unfallorten und Einsatzorten von Behörden und Organisationen mit Sicherheitsaufgaben“ in der offenen und speziellen Kategorie nur zulässig, „wenn der zuständige Einsatzleiter dem Betrieb zustimmt“ (§ 21 h Abs. 3 Nr. 11 LuftVO).

Auch auf nationaler Ebene wurden Ausnahmen für den Betrieb von unbemannten Luftfahrzeugen durch Behörden und Organisationen mit Sicherheitsaufgaben (BOS) festgelegt und im § 21 k LuftVO geregelt. Demnach bedürfen BOS keiner Betriebsgenehmigung gemäß Artikel 12 der EU-DVO 2019/947, sofern die eingesetzten UAS eine Startmasse von 25 kg nicht überschreiten (§ 21 k Abs. 1 LuftVO). Darüber hinaus unterliegt der Betrieb von

UAS nicht den §§ 21 h und 21 i, weshalb BOS ihre UAS auch in geografischen UAS-Gebieten betreiben dürfen, ohne dass es einer Ausnahmegenehmigung bedarf.

Grundsätzlich müssen UAS-Betreiber eine Haftpflichtversicherung für Personen- und Sachschäden abschließen und während des Betriebs immer einen Nachweis mitführen. Die gesetzlich geforderte Mindestdeckung in Deutschland entspricht ca. einer Million Euro. Die meisten Behörden haben je nach Größe jedoch auch interne Versicherungskonzepte oder werden, wie bei der Feuerwehr, sogar durch eine (Gebäude-)Versicherung mitgetragen, weshalb der Abschluss einer zusätzlichen Haftpflichtversicherung unnötig wird. Die jeweilige behördliche Organisation kann in Schadenfällen mit dem eigenen Vermögen haften.

Obgleich die EU wie auch der Mitgliedstaat entsprechende Ausnahmen ermöglichen, um dem besonderen Aufgabenbereich der BOS Rechnung zu tragen, ist der Mitgliedstaat dennoch angehalten, die Sicherheitsziele der EU angemessen zu berücksichtigen. Dies spielt insofern eine wesentliche Rolle, da sich neben BOS auch andere Verkehrsteilnehmer im Luftraum bewegen können und daher gegenseitige Rücksichtnahme geboten ist. Es wird empfohlen, sich so weit wie möglich an den europäischen Rechtsrahmen zu halten. Hierzu zählen etwa der Einsatz EU-rechtskonformer UAS, die für Fernpiloten geforderten Kompetenznachweise und Zeugnisse, sowie festgelegte Verfahren für den Betrieb von UAS zum Schutz der Einsatzkräfte und unbeteiligter Dritter. Auch die Kennzeichnung der Drohne mit einer Registrierungsnummer, welche vom Luftfahrtbundesamt vergeben wird, muss eingehalten werden. Dazu muss sich die jeweilige Feuerwehr als Betreiber beim Luftfahrtbundesamt registrieren und anstelle eines Handelsregisterauszugs oder des Personalnachweises, wie es bei juristischen oder natürlichen Personen gefordert ist, lediglich ein offizielles Schreiben einer berechtigten Person hochladen, die über das Internet identifiziert und zugeordnet werden kann. Jede Organisation des Bundes und der Länder ist zudem gemäß § 43 Luftverkehrsgesetz von der Haftpflichtversicherungspflicht befreit. Diese Organisationen können anstelle einer Versicherungsnummer bei der Registrierung auf der Seite des Luftfahrtbundesamts „Selbstversicherer Bund“ bzw. „Selbstversicherer Land“ angeben.

Um diesen und weiteren Anforderungen an den BOS-Betrieb Rechnung zu tragen, hat das Bundesamt für Bevölkerungsschutz und Katastrophenhilfe (BBK) im Jahr 2019 „Empfehlungen für Gemeinsame Regelungen zum Einsatz von Drohnen im Bevölkerungsschutz“ veröffentlicht, um „einen standardisierten und sicheren Betrieb von unbemannten Fluggeräten durch oder unter Aufsicht von BOS zu gewährleisten“.

3.1.5 Ausnahmen von den Ausnahmen

Auch wenn der § 21 k LuftVO, wie im vorherigen Kapitel dargelegt, den BOS Freiheiten einräumt und Ausnahmen von den bestehenden Regelungen gewährt, haben auch diese Grenzen. So müssen die Tätigkeiten im Zusammenhang mit der spezifischen Aufgabe zur Bewahrung oder Wiederherstellung der öffentlichen Sicherheit und Ordnung stehen. Das bedeutet, dass die Organisation und Durchführung von Veranstaltungen durch die (freiwillige) Feuerwehr, wie Tag der offenen Tür, Familien-Feuerwehrtage oder Ähnliches, nicht unter die Ausnahme fallen.

Hier wäre zunächst zu prüfen, ob die Drohnenflüge im Rahmen der Veranstaltung in die offene Kategorie fallen würden. Können die Voraussetzungen jedoch nicht erfüllt werden, wäre in dem Fall ein Antrag auf Betriebsgenehmigung in der speziellen Kategorie bei der zuständigen Behörde einzureichen. Da die Prüfung derartiger Anträge einige Wochen in Anspruch nehmen kann, ist zu empfehlen, ausreichend Zeit für die Vorbereitung einzuplanen und die zuständige Behörde frühzeitig in das Vorhaben einzubinden.

3.2 Persönlichkeitsrecht, Datenschutz, Urheberrecht

Um die Nutzungsmöglichkeiten der UAS zu erweitern, können UA mit Vorrichtungen wie Wärmebild-, Gas- oder Ultraschallsensoren und auch mit zusätzlichen Kameras, Lautsprechern oder Leuchtmitteln ausgestattet werden. Kameras zur Erstellung von Fotos und Videos werden aus dieser Auflistung auch im Rahmen von BOS-Einsätzen am häufigsten genutzt.

Damit ist die Möglichkeit gegeben, in die Privatsphären der Menschen einzudringen. Die Gefahr von Missbrauch der gesammelten Informationen, Daten, Fotos und Videos ist dabei nicht zu unterschätzen.

3.2.1 Die Zulässigkeit von Luftaufnahmen

Luftaufnahmen können in verschiedene Rechte Dritter eingreifen. Zum Beispiel:

- Persönlichkeitsrechte
- Das sogenannte Recht am eigenen Bild
- Rechte aufgrund datenschutzrechtlicher Vorschriften
- Urheberrechte
- Markenrechte

So kann sich eine mögliche Unzulässigkeit von Luftaufnahmen aus einer oder mehrerer Rechtsvorschriften ergeben.

3.2.2 Das Recht am eigenen Bild

Das „Recht am eigenen Bild“ stellt eine besondere Ausprägung des allgemeinen Persönlichkeitsrechts dar. Nach § 22 des Kunsturheberrechtsgesetzes (KunstUrhG) dürfen Bildnisse von Personen nur mit deren Einwilligung verbreitet oder veröffentlicht werden. Dabei handelt es sich um nicht verpixelte Bildnisse, auf denen zweifelsfrei die abgebildeten Personen erkannt werden können.

Auch hier gibt es Ausnahmen. Diese sind in § 23 Abs. 1 KunstUrhG aufgeführt.

- Bildnisse aus dem Bereich der Zeitgeschichte
- Bilder, auf denen die Personen nur als Beiwerk neben einer Landschaft oder sonstigen Örtlichkeit erscheinen
- Bilder von Straßenumzügen, Versammlungen oder ähnlichen Vorgängen in der Öffentlichkeit
- Bildnisse, deren Verbreitung oder Zurschaustellung einem höheren Interesse der Kunst dient

3.2.3 Der Datenschutz

Ein fundamentales Grundrecht im gesamten Bereich der EU ist das Recht auf Datenschutz.

In Deutschland gilt neben der Datenschutz-Grundverordnung (DSGVO) das Bundesdatenschutzgesetz (BDSG).

■ Das Recht auf informationelle Selbstbestimmung

Beim Recht auf informationelle Selbstbestimmung geht es grundsätzlich darum, selbst zu entscheiden, welche personenbezogenen Daten bekannt werden dürfen und wer sie verwenden darf. Dieser Aspekt ist bereits durch § 21 h in Abs. 3 Nr. 7 und 8 der Luftverkehrsordnung (LuftVO) geregelt. Der Betrieb über Wohngrundstücken ist nur unter bestimmten Voraussetzungen möglich. Vorgegeben werden außerdem Zeiten, zu denen Freibäder, Badestrände und ähnliche Einrichtungen überflogen werden dürfen. Damit soll dem Bedürfnis des Einzelnen nach Schutz seines individuellen Lebensraumes gedient werden.

Jedoch kann die örtlich zuständige Luftfahrtbehörde des betreffenden Bundeslandes eine Ausnahme von den genannten Einschränkungen in den geografischen Gebieten zulassen, die nach § 21 h Abs. 3 LuftVO als Schutzräume eingerichtet wurden.

In § 21 i Abs. 1 Nr. 1 LuftVO ist geregelt, dass die örtlich zuständige Luftfahrtbehörde Ausnahmen zu den geografischen UAS-Gebieten zulassen kann, sofern der beabsichtigte Betrieb nicht zu einer Gefahr wird. Dazu zählen auch das Recht auf informationelle Selbstbestimmung und der Datenschutz.

■ Die DSGVO

In der EU richtet sich die Zulässigkeit der Erhebung und Verwendung personenbezogener Daten nach der DSGVO. In Deutschland wird diese ergänzt und spezifiziert durch das BDSG.

Nach Art. 4 Nr. 1 DSGVO sind personenbezogene Daten alle Informationen, die sich auf eine identifizierte oder identifizierbare Person beziehen.

Die DSGVO findet keine Anwendung, wenn die Verarbeitung personenbezogener Daten durch natürliche Personen erfolgt und rein familiärer oder persönlicher Natur ist.

Der Begriff „Verarbeitung" von Daten nach Art. 4 Nr. 2 DSGVO umfasst das Erheben, das Erfassen, die Organisation, das Ordnen, die Speicherung, die Anpassung oder Veränderung, das Auslesen, das Abfragen, die Verwendung, die Offenlegung durch Übermittlung, die Verbreitung oder Bereitstellung, den Abgleich oder die Verknüpfung sowie das Löschen oder die Vernichtung von Daten.

Bereits die bloße Aufnahme ohne Speicherung z.B. zur Navigation eines UA, wie bei der visuellen Odometrie oder beim Active Track Modus, fällt ebenfalls unter die DSGVO, wenn die Personen identifizierbar sind und damit personenbezogene Daten erhoben werden.

Zulässig ist die Verarbeitung personenbezogener Daten nur, wenn sie unter die in Art. 6 Abs. 1 DSGVO aufgeführten Tatbestände fällt:

- Die betroffene Person hat ihre Einwilligung zu der Verarbeitung gegeben.
- Die Verarbeitung ist für die Erfüllung eines Vertrages mit der betroffenen Person erforderlich.
- Die Verarbeitung ist zur Erfüllung einer rechtlichen Verpflichtung des Verantwortlichen erforderlich.
- Die Verarbeitung ist erforderlich, um lebenswichtige Interessen der betroffenen Person oder einer anderen natürlichen Person zu schützen.
- Die Verarbeitung erfolgt im öffentlichen Interesse oder in Ausübung öffentlicher Gewalt.
- Die Verarbeitung wahrt die berechtigten Interessen des Verantwortlichen.

Grundsätzlich gilt: Ist die DSGVO anwendbar, so herrscht das Prinzip des „Datensparens". Die Verarbeitung personenbezogener Daten erfolgt also nur, wenn sie dem Zweck angemessen ist und wird für die Zwecke der Verarbeitung auf ein notwendiges Maß beschränkt.

3.2.4 Das Urheberrecht

Der Herstellung und Nutzung von Luftaufnahmen kann auch das Urheberrecht entgegenstehen; z.B., wenn urheberrechtlich geschützte Gegenstände abgebildet werden.

■ Der urheberrechtliche Schutz von Werken der Baukunst

Wichtig für den Bereich der Drohnenflüge sind insbesondere „Werke der Baukunst" i.S.v. § 2 Abs. 1 Nr. 4 Urheberrechtsgesetz (UrhG). Darunter können Einfamilienhäuser, Fabrikbauten, Geschäftshäuser, Kirchen, Museen, Brücken, Denkmäler, Plätze, Gartenanlagen etc. fallen.

Bereits jede Anfertigung einer auf einem Speichermedium fixierten Aufnahme, wobei die Speicherung nicht zwingend dauerhaft sein muss, stellt eine allein dem Urheber vorbehaltene Vervielfältigung dar (§ 16 UrhG).

■ Geschützte Bauwerke als „unwesentliches Beiwerk"

Nach § 57 UrhG ist die Vervielfältigung, Verbreitung und öffentliche Wiedergabe von Aufnahmen urheberrechtlicher Werke dann zulässig, wenn das Werk als unwesentliches Beiwerk neben dem eigentlichen Gegenstand der Aufnahme anzusehen ist.

3.2.5 Der Schutz von eigenen Luftaufnahmen durch das Urheberrecht

Selbst erstellte Fotos oder Videos, die von UAS-Kameras aufgenommen werden, sind ebenfalls vor unbefugter Vervielfältigung, Verbreitung und öffentlicher Wiedergabe geschützt (§ 2 Abs. 1 Nr. 5 und Nr. 6 UrhG).

Die Frage, wer als Urheber anzusehen und damit Rechteinhaber ist, könnte sich als Herausforderung erweisen, wenn mehrere Personen an der Aufnahme mitwirken.

Nach § 8 Abs. 1 UrhG sind mehrere Personen, die ein Werk gemeinsam geschaffen haben, ohne dass sich ihre Anteile gesondert verwerten lassen, als Miturheber des Werkes anzusehen. Daraus folgt, dass die Rechte und damit Nutzungsbefugnisse an dem Werk allen Miturhebern gemeinsam zustehen. Das gilt auch für die Erlöse des Werkes.

3.2.6 Fazit

Grundsätzlich müssen alle Aufnahmen von Personen, die während einer Übung oder eines Einsatzes entstanden sind, nach den oben aufgeführten Richtlinien und Verordnungen geprüft werden. Es kann vorkommen, dass bestimmte Aufnahmen auch intern nicht zu Schulungs- und Weiterbildungszwecken verwendet werden können. Bei der Veröffentlichung auf der eigenen Webseite der Behörde oder Organisation ist besondere Vorsicht geboten, da diese von jedermann einsehbar ist und sehr lange Zeit im Internet gespeichert bleibt, auch wenn der Seitenbetreiber sie längst gelöscht hat.

3.3 Gesetzlicher Gesundheits- und Arbeitsschutz

Das Arbeitsschutzgesetz „dient dazu, Sicherheit und Gesundheitsschutz der Beschäftigten bei der Arbeit durch Maßnahmen des Arbeitsschutzes zu sichern und zu verbessern" (§ 1 Abs. 1 ArbSchG). Dies schließt auch Beschäftigte des öffentlichen Dienstes ein. Der Arbeitgeber ist verpflichtet, eine Gefährdungsbeurteilung der Arbeitsbedingungen durchzuführen und entsprechende Maßnahmen zum Arbeitsschutz festzulegen (§ 5 ArbSchG). Darüber hinaus müssen Arbeitgeber zu entsprechenden Anlässen Arbeitsschutzunterweisungen durchführen.

Für Personen im Freiwilligendienst kommt das Arbeitsschutzgesetz nicht unmittelbar zur Anwendung, da es sich hierbei nicht um klassische Anstellungsverhältnisse handelt. Jedoch hat die Deutsche Gesetzliche Unfallversicherung (DGUV) Vorschriften veröffentlicht.

Weiterführende Literatur

- DGUV Vorschrift 49 Unfallverhütungsvorschrift „Feuerwehren“, Herausgeber: Deutsche Gesetzliche Unfallversicherung e.V. (DGUV), Ausgabe Juni 2018
- BGI/GUV-I 8651 Information „Sicherheit im Feuerwehrdienst – Arbeitshilfen für Sicherheit und Gesundheitsschutz“, Herausgeber: Deutsche Gesetzliche Unfallversicherung e.V. (DGUV), Ausgabe Januar 2006, aktualisierte Fassung Juli 2011
- DGUV Information 208–058 „Sicherer Umgang mit Multikoptern (Drohnen)“, Herausgeber: Deutsche Gesetzliche Unfallversicherung e.V. (DGUV), Ausgabe Juli 2020

3.4 Selbstkontrolle und Testfragen

(Lösungen siehe Seite 82)

1. Welche Aussage trifft für den Betrieb in der „offenen“ Kategorie zu?

a) Der Transport gefährlicher Güter ist zulässig.
b) Das Abfluggewicht des UAS darf max. 25 kg betragen. Das UAS darf in max. 120 m über Grund und im ausreichenden Abstand zu Personen betrieben werden.
c) Der Betrieb in der offenen Kategorie darf sowohl in VLOS als auch BVLOS erfolgen.

2. Wo sind die in Deutschland geltenden geografischen UAS-Gebiete zu finden?

a) Die in Deutschland geltenden geografischen UAS-Gebiete sind in der EU-Durchführungsverordnung 2019/947 zu finden.
b) Die in Deutschland geltenden geografischen UAS-Gebiete sind in § 21 h Abs. 3 LuftVO geregelt.
c) In Deutschland wurden keine geografischen UAS-Gebiete festgelegt.

3. Was muss bei der Anfertigung von Luftaufnahmen und insbesondere deren Veröffentlichung beachtet werden?

a) Dass die Linse gut gereinigt ist, damit schöne Aufnahmen entstehen.
b) Dass die Luftaufnahmen bei schönem Wetter erstellt werden.
c) Die Persönlichkeitsrechte Dritter.

4. Welche Rechte Dritter können im Fall von Luftaufnahmen mit Hilfe von Drohnen betroffen sein?

a) Persönlichkeitsrechte, das Recht am eigenen Bild, Rechte aufgrund datenschutzrechtlicher Vorschriften und Urheberrechte.
b) Persönlichkeitsrechte, das Luftrecht, Gesellschaftsrecht und Urheberrechte.
c) Persönlichkeitsrechte, das Versammlungsrecht und Urheberrechte.

4 Ausbildung und Technik

4.1 Ausbildung

Nach den einschlägigen Meinungen der befragten Experten und der eigenen Erfahrung als Angehörige einer freiwilligen Feuerwehr sollten alle Mitglieder eines Drohnenteams dieselbe Grundausbildung für den Drohnenflug durchlaufen haben, um die Möglichkeiten und Grenzen ihrer Kameraden zu kennen und diese im Einsatz entsprechend berücksichtigen zu können. Dazu gehört die Erlangung des EU-Kompetenznachweises sowie des Fernpilotenzeugnisses und eine entsprechende Vertiefung für den Einsatz von Drohnen mit Wärmebildkameras. Weitere Spezialisierungen und regelmäßiges Training, insbesondere an neu oder zusätzlich beschafften Drohnen und den damit verbundenen Einsatzmitteln, sind dann von den Drohnenpiloten wahrzunehmen, die in den operativen Drohnenflug involviert sind.

4.1.1 Fernpilotenausbildung

■ EU-Kompetenznachweis

Der EU-Kompetenznachweis (umgangssprachlich „kleiner Drohnenführerschein“) dient als Basiskompetenz für die risikoärmeren Betriebskategorien „OFFEN“ A1 und A3 und ist für die meisten UAS-Betriebe verpflichtend. Der EU-Kompetenznachweis kann über einen Online-Kurs mit anschließender Online-Prüfung bei der jeweiligen nationalen Luftfahrtbehörde erworben werden. In Deutschland ist dies das Luftfahrt-Bundesamt (LBA). In der EU-Verordnung sind unter Abschnitt UAS.OPEN.020 Nr. 4 b) die Themenbereiche beschrieben. Sie umfassen:

Flugsicherheit

- Luftraumbeschränkungen
- Luftfahrtvorschriften
- Luftsicherheit
- Einschränkungen der menschlichen Leistungsfähigkeit
- Betriebsverfahren

- UAS-Allgemeinwissen
- Versicherungspflicht
- Schutz von Privatsphäre und Datenschutz

■ Fernpilotenzeugnis

Der Betrieb in der Kategorie „OFFEN“ A2, welche einen UAS-Betrieb näher am Menschen ermöglicht, bedeutet auch ein erhöhtes Risiko. Hier sind zusätzliche Kenntnisse im Rahmen des sogenannten „EU-Fernpilotenzeugnis A2“ gemäß UAS.OPEN.030 Nr. 2 c) der EU-Verordnung 2019/947 gefordert:

- Grundkenntnisse in Meteorologie und Einflüsse von Wetterbedingungen auf den UAS-Betrieb
- Flugleistungen im Hinblick auf den typischen Betriebsbereich von UAS
- Technische und betriebliche Minderung von Risiken am Boden beim UAS-Betrieb

Den angehenden Fernpiloten muss eines klar sein: Sobald ihre Drohne vom Boden abhebt, sind sie Teilnehmer am Luftverkehr. Damit unterliegen sie allen Pflichten nach dem Luftverkehrsrecht. Das bedeutet für alle Fernpiloten eine sehr hohe Verantwortung. Ihr fliegendes unbemanntes Luftfahrzeug kann für andere Luftfahrtteilnehmer (bemannt oder unbemannt) wie auch für Personen und Gegenstände am Boden eine potenzielle Gefahrenquelle darstellen.

■ Einweisung und regelmäßiges Training auf den Fluggeräten

Hinter dem eigentlichen Fliegen, Manövrieren und Positionieren der Drohne sowie dem Ausrichten der Kamera, das bei erfahrenen Drohnenpiloten ganz selbstverständlich aussieht, stecken oft viele Übungsstunden, was den meisten Einsatzkräften entgeht, die selbst keine Drohnenpiloten sind. Gleichzeitig auf Funksprüche zu hören, diese gegebenenfalls sogar beantworten zu müssen, auf den Luftraum und die Umgebung am Boden zu achten und die Anweisungen des Einsatzleiters zu erfüllen, die Kamera schnellstmöglich auf eine bestimmte Position zu bringen, erfordert ein hohes Maß an Konzentration und regelmäßiges Flugtraining mit dem jeweiligen Drohnenmodell.

Insbesondere Drohnenpiloten, die in ihrer Freizeit auch Hobbypiloten sind und teilweise andere Modelle wie zum Beispiel Starrflügler fliegen, fällt das Umdenken auf den professionellen Multirotorbetrieb manchmal schwer und erfordert eine spezielle Einweisung sowie regelmäßiges Training. So können die Hobbypiloten einer FPV-Drohne das Gerät meistens sehr gut übernehmen, falls die GPS-Positionierung ausfällt, jedoch fällt ihnen die gleichzeitige Überwachung der vielen Parameter und Sensoren im Einsatz oftmals schwer. Andersherum kann auch ein Hobbypilot eine Kameradrohne im automatischen Flugbetrieb sehr gut bedienen, ist jedoch ohne Einweisung und Übung hilflos, falls ein Magnetsensor ausfällt und eine damit verbundene GPS-Störung beispielsweise durch einen Funkmast auftritt. In diesem Fall muss die Drohne manuell gesteuert werden, so dass kein unnötiges Risiko in der Luft oder am Boden entsteht. Dabei ist es wichtig, durch regelmäßiges Training die eigenen Grenzen kennenzulernen, wie die persönliche maximale Sichtweite bezogen auf das jeweilige Drohnenmodell. Wenn sich die Drohne beispielsweise bis zu 300 m entfernt befindet, muss der Drohnenpilot oder dessen Luftraumbeobachter in der Lage sein, die Position und Ausrichtung feststellen zu können. Dazu sind Positionslichter an der Drohne sehr hilfreich. Ohne Hilfsmittel sollten bei einem menschlichen Gesicht auf diese Distanz noch Mund, Nase und Augen erkennbar sein. Der Drohnenpilot muss schließlich jederzeit in der Lage sein, die Position und Ausrichtung der Drohne feststellen zu können. Dies gilt auch, wenn ein Luftraumbeobachter als Hilfsperson beteiligt wird. Erst während der Einweisung und bei regelmäßigem Training und Einsatzübungen wird einem die eigene Fehleranfälligkeit bewusst und man lernt auch die technischen Herausforderungen kennen, die spontan im Einsatz auftreten können.

■ Spezieller Funkkanal für das Drohnenteam – effizient funken

Grundsätzlich ist das Drohnenteam an die gleiche Funkdisziplin gebunden wie die restlichen Einheiten und Einsatzgruppen. Insbesondere in Situationen, bei denen freiberufliche Drohnenpiloten, die nicht Mitglied einer Behörde oder Organisation mit Sicherheitsaufgaben (BOS) sind, für einen Einsatz unter Aufsicht beauftragt werden, kann es vorkommen, dass diese keine entsprechende Einweisung oder Ausbildung zum Funken haben. In solchen Fällen sollte sich die Aufsichtsperson, die neben dem Drohnenpiloten steht, um den Funk kümmern.

Für Drohnenteams, die Bestandteil einer BOS sind, sind Funkgeräte auf einem gesonderten Kanal vorzuhalten, die im Einsatzfall an die Luftraumbeobachter, Hilfspersonen und nach Bedarf auch an den Drohnenpiloten selbst (falls keine Hilfsperson für den Funk verfügbar ist) ausgeteilt werden. Es gibt drei wesentliche Funksprüche, welche die Luftraumbeobachter unverzüglich dem Drohnenpiloten mitteilen müssen und dafür sogar den ersten Teil der Funkdisziplin überspringen dürfen. Er muss nicht zuerst mitteilen, dass die Meldung an den Drohnenpiloten geht und von dem Luftraumbeobachter kommt, sondern geht direkt zum wichtigsten Kern der Nachricht über:

1. „Nach [entgegengesetzte Himmelsrichtung] ausweichen – bemannte Luftfahrt aus [Himmelsrichtung] auf Kurs zur Drohne."
2. „STOP – Hindernis in Flugrichtung"
3. „AUSWEICHEN – anderes Fahrzeug/Luftfahrzeug auf Kollisionskurs zur Drohne"

Der Drohnenpilot (oder dessen Hilfsperson) darf in bestimmten Notfallszenarien den Anfang der Funkdisziplin ebenfalls überspringen und Warnmeldungen direkt durchgeben oder laut ausrufen, die ggf. auch andere Personen in Hörreichweite betreffen können:

1. „DECKUNG – Drohne stürzt ab" (und mit dem ausgestreckten Arm auf die Drohne zeigen)
2. „ACHTUNG – Ausweichmanöver" (ggf. gefolgt von weiteren Anweisungen)
3. „VORSICHT – Notlandung" (und mit dem ausgestreckten Arm auf die voraussichtliche Landeposition zeigen)

4.1.2 Arbeitssicherheit beim Einsatz von Drohnen

Aus Sicht der Arbeitssicherheit gibt es vier Kategorien, aus denen Gefährdungen hervorgehen können. Elektrische, mechanische und chemische Gefährdungen sowie physische und psychische Belastungen durch die Arbeitsumgebung.

Abbildung 4: Übersicht der vier Kategorien (Quelle: Pexels.com)

Bei der **elektrischen Gefährdung** ist zum einen ein elektrischer Schlag während des Ladevorgangs denkbar. Als Sicherheitsmaßnahme ist hier ein Schutz gegen direktes oder indirektes Berühren spannungsführender Teile erforderlich. Außerdem kann die regelmäßige Prüfung ortsfester und nicht ortsfester Ladevorrichtungen beispielsweise in Einsatzfahrzeugen oder dem Feuerwehrdepot dazu beitragen, das Risiko eines elektrischen Schlags während eines Ladevorgangs zu minimieren. Auch der Kurzschluss durch Verpolung des Akkus oder der Ladeinfrastruktur muss ausgeschlossen werden, indem beispielsweise verpolungssichere Anschlüsse verwendet werden.

Die **mechanische Gefährdung** während des Drohnenbetriebs kann von kontrolliert bewegten, jedoch ungeschützten Teilen (z.B. Propeller) ausgehen. Die regelmäßige Überprüfung auf Mängel vor jeder Benutzung ist unbedingt erforderlich, da sich beispielsweise bereits ein Haarriss im Propeller mit der Zeit zu einer Gefährdung durch umherfliegende Propellerteile ausbreiten kann. Ein Propellerschutz kann als Berührungsschutz verwendet werden. Außerdem müssen die Arbeitsabläufe insbesondere vor dem Start und nach der Landung so gestaltet werden, dass Sicherungsmaßnahmen gegen unbeabsichtigte Bewegungen oder Berührungen getroffen werden. So ist zum Beispiel der Start- und Landeplatz zu kennzeichnen und gegen Betreten durch Unbefugte oder unbeteiligte Personen abzusichern. Dies ist nicht nur am Tag, sondern aufgrund der schlechten Sichtverhältnisse insbesondere auch in der Nacht relevant. Durch ausreichende Beleuchtung kann die Sichtbarkeit für Dritte erhöht werden.

Abbildung 5: Landematte ausgeleuchtet mit Drohne (Quelle: Nico Ninov)

Weitere mechanische Gefährdungen sind der Absturz, das Stolpern oder Umfallen des Drohnenpiloten, Luftraumbeobachters oder einer Hilfsperson. Insbesondere bei Starts aus der Hanglage oder schwer zugänglichen Landeplätzen ist die Trittsicherheit durch geeignetes Schuhwerk sicherzustellen und Hindernisse oder Verschmutzungen in der Umgebung der Propeller sind zu beseitigen. Oftmals kann es hilfreich sein, eines der Einsatzfahrzeuge mit Ladefläche (z.B. einen Pick-up) so auszustatten, dass auf der Ladefläche Starts und Landungen durchgeführt werden können. Das spart Zeit für den Aufbau sowie das Ausleuchten von Startplätzen auf freien Geländen und verhindert, dass die Startflächen von Hindernissen wie kleinen Steinen befreit werden müssen, die durch die Luftverwirbelungen durch die drehenden Propeller aufgewirbelt werden und das UAS beschädigen können. Sofern der Start- und Landeplatz auf einem Fahrzeug eingerichtet wird, ist es unbedingt erforderlich, diesen so zu wählen, dass keine größeren Metallanteile z.B. an der Ladefläche vorhanden sind. Je nach Drohnenmodell kann es sein, dass das magnetische Feld so stark beeinflusst wird, dass der Magnetsensor der Drohne einen Fehler anzeigt. Bei Drohnenmodellen mit mehr als einem Magnetsensor, also denjenigen mit redundanter Integrierter Messeinheit (IMU), wird dieser Effekt in den meisten Fällen kompensiert.

Abbildung 6:
Foto einer DJI Matrice M210 V2 auf der Feuerwehrfahrzeug-Ladefläche (Quelle: Nico Ninov)

Auch von ungeschützten, bewegten Drohnen in der Luft geht eine gewisse mechanische Gefährdung aus, die durch einen Aufprallschutz verringert werden kann. Es ist relevant, auf die Absicherung des kontrollierten Bereichs am Boden, in dem die Starts und Landungen stattfinden und bei schwereren Drohnen ab 4 kg auch auf den Bereich unter der Drohne, für den Fall eines Absturzes zu achten. Da am Einsatzort grundsätzlich eine Helmpflicht besteht, gilt die aus dem zivilen Drohnenbetrieb errechnete maximale Aufprallenergie von 89 Joule bei Drohnen bis 249 g nicht.

Nicht nur im gewöhnlichen operativen Einsatz, sondern auch beim Bergen verlorener Drohnen besteht ebenfalls Absturzgefahr des Bergungspersonals, beispielsweise wenn eine Einsatzdrohne eine Notlandung an einem steilen Hang in einem Baum gemacht hat. Auch hier ist die Trittsicherheit durch geeignetes Schuhwerk sicherzustellen. Hindernisse und Verschmutzungen sind entsprechend zu beseitigen.

Bei der **chemischen Gefährdung** geht es insbesondere um den Hautkontakt zu Feststoffen und Flüssigkeiten oder das Arbeiten mit Feuchte. Hier kann ein Hautschutz (zum Beispiel Handschuhe) getragen werden und entsprechend bei Kontamination ein Hautreinigungs- beziehungsweise Pflegemittel verwendet werden. Auch Ausgasungen von Batteriezellen sind möglich, was durch die Verwendung von Lithium-Polymer-Akkus (LiPo) minimiert werden kann. Eine Ausgasung findet bei diesen Akkus nicht statt. Durch die äußerst hohe Energiedichte ist jedoch das Risiko einer Entzündung oder Explosion beispielsweise durch Überhitzung, Überladung oder mechanische Überbeanspruchung des Akkus denkbar. Eine Gegenmaßnahme ist die Verwendung von sogenannten LiPo-Taschen, welche zur Lagerung, aber auch während eines Ladevorgangs verwendet werden sollten. Diese können im Fehlerfall ein Ausbreiten von Flammen eingrenzen, indem sie die Zufuhr von Sauerstoff minimieren.

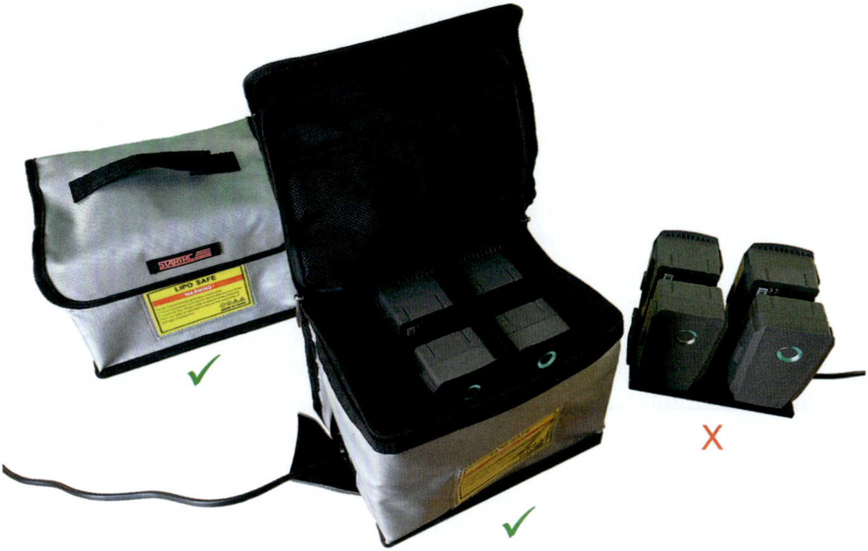

Abbildung 7: LiPo-Tasche (Quelle: Nico Ninov)

Die **Belastung des Drohneneinsatz-Teams durch die Arbeitsumgebung** kann sowohl physisch als auch psychisch die Arbeitssicherheit negativ beeinflussen. Zu physischen Belastungen zählen unter anderem Beleuchtungen. Insbesondere in der Nacht können zu stark ausgeleuchtete Start- und Landeplätze oder zu helle Blitzlichter an der Drohne die Piloten und auch andere Personen blenden oder in ihren Tätigkeiten beeinträchtigen. Ebenso können Reflexionen einer blinkenden Drohne an den Sicherheitsstreifen der Bekleidung der Einsatzuniform irritierend sein. Als Gegenmaßnahme sollten unterschiedliche Beleuchtungsstärken sowohl bei Nacht als auch am Tag verwendet und die Arbeitsbereiche jeweils so gewählt werden, dass keine Gefährdung am Boden stattfinden kann. Wenn es nicht anders möglich ist, kann auch ein Augenschutz gegen Blendung getragen werden. Eine weitere physische Beeinträchtigung ist die Lautstärke, die durch Motoren oder Propellerlärm entstehen kann. Durch Tragen eines Gehörschutzes kann diese reduziert werden. Die meisten Einsatzhelme haben bereits einen solchen Gehörschutz integriert.

Die größte psychische Belastung aus dem Arbeitsumfeld durch den Einsatz von Drohnen geht von langen Konzentrationsphasen aus. Nicht nur der Drohnenpilot muss während des Fluges hoch konzentriert viele Parameter, wie zum Beispiel den Akkustand, Gefahrenquellen am Boden und in der Luft, Funksprüche der Luftraumbeobachter, Position und Ausrichtung der Drohne etc. gleichzeitig beobachten, auch der Luftraumbeobachter kann nach einer Weile Konzentrationsschwierigkeiten bekommen und sollte abgelöst werden. Dieser Zeitwert ist von Person zu Person unterschiedlich und muss in den Übungen für jeden Luftraumbeobachter und Drohnenpiloten individuell bestimmt werden. Wenn dies nicht möglich ist, sind folgende Richtwerte einzuhalten:

Drohnenpilot:	10 Minuten Pause nach 45 Minuten Flug
Luftraumbeobachter:	15 Minuten Pause nach 90 Minuten Beobachtung

Hierzu kann eine interne Betriebsanweisung erstellt werden. Einsatzkräfte sollten entsprechend unterwiesen und bereits zur Verfügung stehende Sicherheitsanweisungen für Arbeiten mit langen Konzentrationsphasen vorschriftsmäßig anwenden.

4.2 Technik

4.2.1 Auswahl geeigneter Fluggeräte

Die nachfolgende Darstellung und Beschreibung unterschiedlicher Fluggeräte und deren Zubehör stellt eine Momentaufnahme in der sich rasant entwickelnden Technologie dieser Branche dar. Es handelt sich dabei nicht um Kaufempfehlungen, sondern vielmehr um die Darstellung von Eigenschaften, die sich über die vergangenen Jahre für eine effiziente und erfolgreiche Drohneneinheit innerhalb einer BOS bewährt haben.

Einige grundlegende Funktionen, welche auf alle Drohnen zutreffen, werden nicht detailliert behandelt. Dazu gehört die Fähigkeit der Drohne, über ein GPS-System ohne Einwirken des Drohnensteuerers an einer Position in der Luft zu verweilen, bis der Akku einen vordefinierten Bereich für die automatische Rückkehr zum Startpunkt erreicht. Weiterhin werden hier nur Multirotorsysteme und keine Starrflügler oder sonstige hybride UAS betrachtet, da Multirotorsysteme deutliche Vorteile in Bezug auf Flexibilität, Portabilität und Einsatzbereitschaft für die in diesem Buch beschriebenen Einsatzszenarien bieten und sich entsprechend bewährt haben.

Die Handhabung, Aufladung und Entsorgung von Akkus sowie das vom Hersteller und von Einsatzkräften empfohlene Wartungsmanagement werden zur besseren Lesbarkeit in einem eigenen Abschnitt beleuchtet.

Für die nachfolgenden Steckbriefe werden folgende Merkmale ausgewählt, da sich diese für die meisten Einsatzszenarien als hilfreich bewährt haben. Dazu gehört das Vorhandensein einer Wärmebildkamera. Diese kann nicht nur bei der Suche nach Glutnestern oder Personen helfen, sie verdoppelt zudem die Zeit, in der ein Drohnenteam eingesetzt werden kann. Nur mit einer zusätzlichen Wärmebildkamera ist ein sicherer Flug bei Nacht möglich.

- **Spezialkamera**
  - Wärmebildkamera: Auflösung und Bilder pro Sekunde
  - Restlichtkamera: Auflösung und mind. erforderliche Lichtstärke
  - Zoom: X-facher optischer Zoom (durch Objektive, kein Digitalzoom)

  - FPV-Kamera: Für den Betrieb mit einem Drohnensteuerer, der nach FPV-Kamera fliegt und einer weiteren Kamera oder Sensorik, die von einer weiteren Person gesteuert werden kann
- **Gewicht:** Maximales Abfluggewicht inkl. aller Zuladungen
- **Flugzeit:** Beim Verweilen an einer Position ohne lange Distanzen
- **Payload:** Wird vom Hersteller für das UA weiteres Zubehör angeboten, wie Leuchtmittel oder Lautsprecher?
- **Redundanz:** Hauptprozessor, Sensoren oder mehr als 4 Rotoren
- **Wetterfestigkeit** – Windfestigkeit und insbesondere Wasserschutz nach IP-Klassen für Einsätze bei Regen oder Schneefall
- **BOS-Handling:** Verständlich aufgebautes System, leicht erreichbare Funktionen für BOS

Es wurden folgende Modelle aufgrund von Empfehlungen aus Interviews sowie eigenen Erfahrungen mit den Systemen im Einsatz ausgewählt:

- DJI Matrice 30T
- DJI Matrice 300 RTK
- DJI Mavic 2 Enterprise Advanced
- SwellPro SplashDrone 4
- YUNEEC H520E Set
- Autel EVO II Dual 640T
- Skydio X2D Thermal
- DJI Mavic 3 Enterprise

Abbildung 8: Übersichtsbild für die Dokumentation nach einem Verkehrsunfall mit Ölspur (Quelle: Nico Ninov)

■ Steckbrief – Hersteller: DJI-Modell: Matrice 30T

Abbildung 9:
DJI Matrice 30T mit Standard-Zubehör (Quelle: DJI)

- **Gewicht**
  3780 g
- **Flugzeit**
  36 Minuten
- **Redundanz**
  2x IMU und 3x GNSS-Antennen, Dual-Akku-Betrieb
- **Wetterfestigkeit**
  IP 55 (Drohne und Controller)
  Max. Windböen: 15 m/s
  Betriebstemperatur: -20 °C bis 50 °C

BOS-Handling

Besonders wertvoll ist, dass die Bedienung mit Handschuhen möglich ist. Die wichtigsten Funktionen sind zusätzlich auf Knöpfe und Stellräder verteilt, sodass der Touchscreen des Controllers nicht zwingend bedient werden muss, wie es bei einem Großteil der anderen Modelle mit Ausnahme der Yuneec H520E der Fall ist. Die Kompatibilität mit der DJI Software Flight Hub 2 vereinfacht den Betrieb, wenn mehrere Drohnen eingesetzt werden. Diese „Live-Übersicht“ kann über eine gesicherte Internetverbindung zusätzlich an eine zentrale Leitstelle übertragen werden. Die Leitstelle kann auf Wunsch die Kamera auf Objekte auf der Karte ausrichten, falls der Drohnenpilot dies freischaltet, ohne den Drohnenpiloten im Flug zu beeinträchtigen.

Spezialkamera(s)

20-fach Zoom-Kamera: 1/2“ CMOS-Sensor mit effektiver Auflösung von: 4k-Video und 48 MP

Weitwinkelkamera: 1/2“ CMOS-Sensor mit effektiver Auflösung von: 4k-Video und 12 MP

Wärmebildkamera: 640x512@30fps mit ±2 °C Temperaturgenauigkeit

FPV-Kamera: 1920x1080@30fps und 161 Grad FOV

Payload

Lautsprecher oder Scheinwerfer

Laser-Modul (fest integriert): Zur Entfernungsmessung von 3 bis 1200 Meter

Ein Positionslicht oben und unten ist im Gegensatz zur Mavic Enterprise fest integriert.

■ Steckbrief – Hersteller: DJI-Modell: DJI Matrice 300 RTK mit H20T

Abbildung 10:
DJI Matrice Matrice 300 RTK in der Luft (Quelle: DJI)

- **Gewicht**
  9000 g
- **Flugzeit**
  55 Minuten
- **Redundanz**
  2 x IMU und 3 x GNSS-Antennen, Dual-Akku-Betrieb
- **Wetterfestigkeit**
  IP 55 (Nur Drohne)
  Max. Windböen: 15 m/s
  Betriebstemperatur -20 °C bis 50 °C

BOS-Handling

Dieses Modell kann, wie sein Vorgänger Matrice 210, auch mit einem Ladesystem „am Seil gefesselt" betrieben werden und für eine 24/7-Übersicht ohne Zwischenlandung zum Einsatz kommen. Die Kompatibilität mit der ersten DJI-Software Flight Hub vereinfacht den Betrieb, wenn mehrere Drohnen eingesetzt werden. Die Robustheit ist unübertroffen in diesem Drohnenvergleich, da es einen sehr hohen Kraftaufwand erfordert, diese Drohne per Hand versehentlich zu beschädigen. Es handelt sich mit 6–9 kg Abfluggewicht – je nach Zuladung – um das schwerste und damit auch das aufwändigste Modell bei der Inbetriebnahme, da es einen besonders großen Sicherheitsbereich am Boden benötigt.

Spezialkamera(s)

Wechsel-Kameras: Zenmuse XT2/XT S/Z30/H20/H20T/DJI P1/DJI L1

Empfohlen wird die H20T für BOS mit:

- 20-fach Zoom-Kamera: 1/2“ CMOS-Sensor mit effektiver Auflösung von: 4k-Video und 48 MP
- Weitwinkelkamera: 1/2“ CMOS-Sensor mit effektiver Auflösung von: 4k-Video und 12 MP

Wärmebildkamera: 640x512@30fps mit ±2 °C Temperaturgenauigkeit

Payload

Herstellereigene Wechsel-Kameras: Zenmuse XT2/XT S/Z30/H20/H20T/DJI P1/DJI L1 oder Scheinwerfer oder Lautsprecher, da nur ein Wechselanschluss verfügbar ist. Ein Positionslicht oben und unten ist im Gegensatz zur Mavic Enterprise fest integriert.

■ Steckbrief – Hersteller: DJI-Modell: Mavic 2 Enterprise Advanced

Abbildung 11:
DJI Mavic Enterprise Advanced (Quelle: DJI)

- **Gewicht**
  1100 g
- **Flugzeit**
  31 Minuten
- **Redundanz**
  Keine
- **Wetterfestigkeit**
  Kein Betrieb bei Regen
  Max. Windböen: 10 m/s
  Betriebstemperatur: -10 °C bis 40 °C

BOS-Handling

Das Modell „Enterprise Advanced“ ist eines der kompaktesten Modelle mit der größten Auflösung der Wärmebildkamera, die man für nicht-militärische Zwecke verwenden darf. Durch die Handlichkeit sind Start und Landung auch aus der Hand durchführbar. Dabei wird das Tragen von Handschuhen und eines Helms empfohlen. Der zweifache optische Zoom erleichtert die Sicht bei Tageslicht. Der Betrieb mit einem Drohnenkäfig erlaubt den Einsatz in einer Kanalisation oder im Gebäude, beispielsweise bei Einsturzgefahr.

Spezialkamera(s)

2-fach Zoom-Kamera: 1/2“ CMOS-Sensor mit effektiver Auflösung von: 4k-Video und 48 MP

Wärmebildkamera: 640x512@30fps mit ±2 °C Temperaturgenauigkeit

Payload

Ein Positionslicht, ein Lautsprecher, ein Scheinwerfer oder eine RTK-Antenne (siehe Abbildung), die nur für präzisere Positionierung verfügbar ist. Sie ist nicht zur Vermessung geeignet, da die genauen Positionsdaten nicht in die Metadaten der Fotos gespeichert werden.

■ Steckbrief – Hersteller: SwellPro-Modell: SplashDrone 4

Abbildung 12:
SwellPro SplashDrone 4
(Quelle: SwellPro)

- **Gewicht**
  2180 g
- **Flugzeit**
  25 Minuten
- **Redundanz**
  Keine
- **Wetterfestigkeit**
  P 67 kann komplett ins Wasser eintauchen
  Max. Windböen: 20 m/s
  Betriebstemperatur: -10 °C bis 40 °C

BOS-Handling

Es ist ein kompaktes und robust gebautes Modell, das besonders gut für die Wasserrettung geeignet ist, da mit der Wärmebildkamera sehr nah am Wasser und auch einige Zentimeter unter Wasser geschaut werden kann. Die Inbetriebnahme dauert länger als bei den anderen Herstellern und sollte von einem technisch versierten Drohnenpiloten durchgeführt werden. Die geringe Flugzeit und das spielzeugartige Design der Fernsteuerung positionieren dieses Modell in der Mittelklasse der empfohlenen BOS-Drohnenmodelle.

Spezialkamera(s)

Empfohlen GC3-T Wärmebildkamera: 640x512@30fps mit < 50 mK Temperaturempfindlichkeit

Restlichtkamera: Sensoren 1/2″ 2M Starlight CMOS

Payload

Nur Wechsel-Kameras: GC3-T Wärmebild, GC1-S, GC2-S, GC3-S, kein weiteres Zubehör wie Scheinwerfer oder Lautsprecher vom Hersteller verfügbar.

■ Steckbrief – Hersteller: YUNEEC-Modell: H520E mit E20Tvx Kamera

Abbildung 13:
YUNEEC H520E Set
(Quelle: Yuneec)

- **Gewicht**
  2214 g
- **Flugzeit**
  20 Minuten
- **Redundanz**
  Statt 4 Rotoren
- **Wetterfestigkeit**
  Kein Betrieb bei Regen
  Max. Windböen: 10 m/s
  Betriebstemperatur: -10 °C bis 40 °C

BOS-Handling

Besonders wertvoll ist, dass die Bedienung mit Handschuhen möglich ist. Die wichtigsten Funktionen sind zusätzlich auf Knöpfe und Stellräder verteilt, sodass der 7 Zoll große Touchscreen des ST16E-Controllers nicht zwingend bedient werden muss, wie es bei einem Großteil der anderen Modelle exklusive der DJI M30T der Fall ist. Eine weitere Besonderheit ist die Verbindung mit dem Softwaretool Data Pilot, das direkt die Erstellung von Flugrouten für Vermessungen und 3D-Scans möglich macht. Einheiten, die eine sehr genaue Einsatzdokumentation erstellen müssen, können davon profitieren. Ein Betrieb im Regen oder Schnee ist nicht möglich.

Spezialkamera(s)

Empfohlen: E20Tvx

Wärmebildkamera: 640x512@30fps

Integrierte Kamera: 1/2.8" CMOS-Sensor mit effektiver Auflösung von: HD-Video und 2,13 MP

Payload

Ein weiterer Scheinwerfer und ein Abwurfsystem des Herstellers sind zusätzlich zur Kamera montierbar. Es werden folgende Kameras an der Wechselschnittstelle der H520E unterstützt: E30ZX mit 30-fach optischem Zoom, E90X mit vierfach optischem Zoom, CGOETX mit Restlichtverstärkung und die Wärmebildkameras: E20Tvx und E10TvX32

■ Steckbrief – Hersteller: Autel-Modell: EVO II Dual 640T

Abbildung 14:
Autel EVO II Dual 640T
(Quelle: Autel)

- **Gewicht**
  1999 g
- **Flugzeit**
  35 Minuten
- **Redundanz**
  Keine
- **Wetterfestigkeit**
  Kein Betrieb bei Regen
  Max. Windböen: 20 m/s
  Betriebstemperatur: 0 °C bis 40 °C

BOS-Handling

Das erste BOS-fähige Modell des amerikanischen Herstellers Autel hat eine hochauflösende und besonders temperaturempfindliche Wärmebildkamera. Nachteilig ist der zulässige Temperaturbereich für den Betrieb über 0 Grad, was den Einsatz im Winter unmöglich macht. Betrieb bei Regen oder Schnee ist nicht möglich.

Spezialkamera(s)

Kamera: 1/2“ CMOS-Sensor mit effektiver Auflösung von: 6k-Video und 20 MP

Wärmebildkamera: 640x512@30fps mit < 50 mK Temperaturempfindlichkeit

Payload

Ein Positionslicht, ein Lautsprecher oder ein Scheinwerfer sind montierbar und wie bei der Mavic 2 Enterprise Dual Serie vom Hersteller mitgeliefert.

■ Steckbrief – Hersteller: Skydio Modell: X2D Thermal

Abbildung 15:
Skydio X2D Thermal
(Quelle: Skydio)

- **Gewicht**
  1325 g
- **Flugzeit**
  35 Minuten
- **Redundanz**
  Statt 4 Rotoren
- **Wetterfestigkeit**
  Kein Betrieb bei Regen
  Max. Windböen: 10 m/s
  Betriebstemperatur: -10 °C bis 43 °C

BOS-Handling

Der amerikanische Hersteller Skydio hat dieses Modell ursprünglich für das US-Militär entwickelt und vertreibt es inzwischen auch an BOS weltweit. Das Besondere dabei ist Unabhängigkeit vom GPS-Empfang durch die integrierte künstliche Intelligenz mit neun neuronalen Netzwerken, die im Flug die Umgebung „erlernen“ und somit eine einzigartige Hinderniserkennung mit Gedächtnis ermöglichen. Diese kann bis zu 20 Objekte gleichzeitig im Einsatzgebiet verfolgen und ermöglicht den Betrieb ohne Fernsteuerung und im Gebäude. Ein verantwortlicher Drohnenpilot muss das Gerät trotzdem im Blick haben, um bei Bedarf den Notfallschalter zu betätigen, der einen Heimflug auch ohne GPS-Empfang zurück zum Startpunkt auslöst. Ein gewöhnlicher Betrieb mit einem Controller ist auf Wunsch ebenfalls möglich.

Spezialkamera(s)

Kamera: Sony IMX577 1/2.3“ CMOS-Sensor mit effektiver Auflösung von: 4k-Video und 12.3 MP

Wärmebildkamera von FLIR: 320x256@30fps

Payload

Weiteres Zubehör ist vom Hersteller nicht vorgesehen.

■ Steckbrief – Hersteller: DJI-Modell: Mavic 3 Enterprise Thermal

Abbildung 16: DJI Mavic 3T (Quelle: DJI)

- **Gewicht**
  920 g
- **Flugzeit**
  45 Minuten
- **Redundanz**
  Keine
- **Wetterfestigkeit**
  Kein Betrieb bei Regen
  Max. Windböen: 12 m/s
  Betriebstemperatur: -10 °C bis 40 °C

BOS-Handling

Das Modell Mavic 3 Enterprise Thermal ist im September 2022 als Nachfolger der Mavic 2 Enterprise Advanced auf dem Markt erschienen. Einer der wichtigsten Vorteile ist die längere Akkulaufzeit von 45 Minuten im Flug und 38 Minuten beim Schweben. Darüber hinaus verwendet die überarbeitete Fernsteuerung ebenfalls die Pilot 2-App, welche auch bei der Matrice M30T zum Einsatz kommt und z. B. eine internetgestützte Koordination über die Einsatzleitzentrale ermöglicht, wenn mehr als eine Drohne an einem Einsatzort verwendet wird. Genau wie ihr Vorgänger ist auch dieses Modell nicht vor Regen oder Schnee geschützt, hat jedoch zusätzlich eine weitere 8-fach optische Zoom-Kamera verbaut, um schnell zwischen Übersicht- oder Thermal-Bild und eine Detailansicht umschalten zu können.

Spezialkamera(s)

Weitwinkel-Kamera: 1/2 Zoll CMOS CMOS-Sensor mit effektiver Auflösung von: 4k-Video und 48 MP

Zoom-Kamera: 1/2 Zoll CMOS CMOS-Sensor mit effektiver Auflösung von: 4k-Video und 12 MP

Wärmebildkamera: 640x512@30fps mit 61 Grad Sichtbreite und < 50 mK Temperaturempfindlichkeit

Payload

Positionslicht ist bereits integriert, daher kann wahlweise ein Lautsprecher oder das RTK-Modul zur Vermessung oder ein Scheinwerfer-Modul direkt vom Hersteller auf dem Gerät verbaut werden.

4.2.2 Akkumanagement

Beim Umgang mit Lithium-Ionen-Akkus sollten grundsätzlich nachfolgende Sicherheitsregeln eingehalten werden (gilt nicht nur für die Akkus eines UA, sondern z.B. auch für die eines E-Bikes). Grundsätzlich sind die Hinweise in den zum Akku gehörenden Herstelleranweisungen/Handbüchern/Produkt-Merkblättern zu beachten.

■ Lagerung

- Lassen Sie die Akkus nicht fallen oder fügen Sie ihnen keine mechanische Beschädigung zu
- Transportieren Sie die Akkus in einer Sicherheitstasche oder einem Metallbehälter
- Verwenden Sie keine aufgeblähten oder beschädigten Akkus ohne vorherige Überprüfung
- Lagern Sie Akkus immer so, dass keine brennbaren Materialen in der Nähe sind
- Lagern Sie Akkus nur im auf Lagerspannung (ca. 70 %) abgesenkten Zustand
- Lagern Sie die Akkus bei normaler Raumtemperatur und Luftfeuchtigkeit

■ Flugbetrieb

- Starten Sie Ihr UA immer nur mit einem vollständig aufgeladenen Akku
- Prüfen Sie die Spannung jeder Einzelzelle des Akkus vor dem Flug, sofern Sie keine intelligenten Akkus verwenden
- Wechseln Sie die Akkus Ihres UA beim Betrieb öfters aus
- Überwachen Sie die Anzahl der Ladezyklen der einzelnen Akkus (Logbuch oder Strichmarkierungen)
- Prüfen Sie die Akkus nach einem Absturz oder einer Beschädigung genau und verwenden Sie nur solche Akkus weiter, bei denen keine Zweifel an der Funktionsfähigkeit bestehen

■ Aufladen

- Verwenden Sie ausschließlich die für Ihre Akkus geeigneten Ladegeräte
- Laden Sie Akkus niemals unbeaufsichtigt (gilt für alle Akku-Typen)
- Halten Sie beim Ladevorgang einen geeigneten Feuerlöscher (Wasser) bereit

■ Entsorgung

Lithium-Ionen-Akkus sind Sondermüll. Muss ein Akku entsorgt werden, darf dieser nicht einfach in den Hausmüll. Stattdessen wird er zuerst deutlich unter die Lagerspannung entladen, ca. 3 Volt pro Zelle.

Anschließend werden die Kabel einzeln am Gehäuse gekappt und mit einem Klebeband abisoliert. Nun kann der Akku beim Händler zurückgegeben, auf dem Wertstoffhof oder in einer dafür vorgesehenen Sammelbox im Supermarkt abgegeben werden.

■ Geeignete Anzahl Akkus für Betrieb

Die Ladezeit eines Akkus inkl. der Abkühlzeit nach dem Betrieb je nach Umgebungstemperatur (ggf. Fahrzeugkühlung verwenden) wird geteilt durch die Flugzeit (Entladezeit) beim Verweilen an einer Position, ohne lange Distanzen zurückzulegen. Dieser Wert wird mit 1,3 multipliziert, aufgerundet und ergibt als Erfahrungswert die erforderliche Anzahl an Akkus für einen „Dauerbetrieb", sofern der Hersteller die eigentliche Drohne dafür ausgelegt hat.

Beispielrechnung für eine DJI Mavic Enterprise Advanced mit einer gleichzeitigen Lademöglichkeit über ein 12V-Ladegerät im Fahrzeug/Zusatzbatterie:

- Ladezeit 90 Minuten zzgl. 15 Minuten Abkühlzeit bei 35 Grad Umgebungstemperatur: 105 Minuten
- Flugzeit: 30 Minuten
- 105/30*1,3 = 4,55
- Aufgerundet sind somit fünf Akkus erforderlich, wenn „nur" einer gleichzeitig nachgeladen werden kann.

Es ist zu empfehlen, mindestens zwei bis drei gleichzeitige Ladepunkte zu verwenden, um die Wiederbeschaffungskosten für die Akkus alle ein bis zwei Jahre zu reduzieren und somit insgesamt weniger Akkus vorhalten und erneuern zu müssen.

■ Aufbewahrung

Es wird empfohlen, geeignete Lithium-Polymer-Taschen (LiPo-Bag) zu verwenden, um chemische Gefährdungen durch lagernde Akkus zu reduzieren. Dieses Thema ist in Kapitel 6 detailliert ausgeführt.

■ Vorbereitung für Einsätze

Bereits während der Fahrt zum Einsatzort sollten die ersten Akkus von ihrer Lagerspannung unter 90 % idealerweise auf 100 % geladen werden, damit gleich beim ersten Flug die maximale Flugdauer erreicht werden kann. Dieses Thema ist in Kapitel 6 detailliert ausgeführt.

4.3 Ausbildungsempfehlung

Das Bundesamt für Bevölkerungsschutz und Katastrophenhilfe hat mit seiner Veröffentlichung „Empfehlungen für gemeinsame Regelungen zum Einsatz von Drohnen im Bevölkerungsschutz“ vom Mai 2019 unter anderem ein Ausbildungskonzept für BOS vorgeschlagen, welches aus folgenden Bereichen besteht:

1. Allgemeine Inhalte zum Betrieb von Drohnen im Bevölkerungsschutz
   a) Ausbildungsziel: Allgemeine Inhalte für Drohnenpiloten
   b) 62 Unterrichtseinheiten zu je 45 Minuten

2. Flugspezifische Inhalte zum Betrieb von Drohnen im Bevölkerungsschutz
   a) Ausbildungsziel: Flugspezifische Inhalte für Drohnenpiloten einer BOS
   b) 24 Unterrichtseinheiten zu je 45 Minuten
   c) 16 bis 35 Flugstunden je nach Flugerfahrung des Drohnenpiloten

An diese Empfehlung wird angeknüpft und zusätzlich empfohlen, auch den praktischen Teil der Flugstunden durch eine Lernkontrolle zu dokumentieren. Hier müssen bestimmte Flugmanöver innerhalb vorher festzulegender Toleranzbereiche abgeflogen werden; dies fehlerfrei und mehrmals mit und ohne eingeschaltetem GPS-System zur Positionierung der Drohne. Die UAVDACH-Services UG hat hierfür einen praktischen Skill-Test in Zusammenarbeit mit der nicopter GmbH weiterentwickelt, der auch die aktuellen Anforderungen des Luftfahrtbundesamts im Hinblick auf die „Erklärung über die erfolgreiche Absolvierung des praktischen Selbststudiums zum Erwerb eines Fernpiloten-Zeugnisses für UAS in der Kategorie Offen, Unterkategorie A2“ erfüllt.

4.4 Selbstkontrolle und Testfragen

(Lösungen siehe Seite 82)

1. Sie möchten mit einem der hier aufgeführten BOS-Modelle fliegen. Die Windgeschwindigkeit beträgt 4 m/s. Ist ein sicherer Flug dennoch möglich?

a) Das ist weit außerhalb des zulässigen Betriebsbereichs und birgt ein hohes Risiko.
b) Ja, das ist innerhalb des Limits.
c) Das ist unmöglich abzuschätzen.
d) Es kommt dabei auf die Gesamtkapazität des Akkus an, wenn er vollgeladen ist.

2. In welchem Fall muss die Drohne sofort gelandet werden?

a) Bemannte Luftfahrt fliegt über die Drohnen-Position und sieht optisch genauso breit wie das UA aus.
b) Wenn der Magnetsensor (Kompass) versagt.
c) Der Langsamflugmodus ist aktiv.
d) In keinem der Fälle muss gelandet werden.

3. Die Drohne ist ca. 300 m von einer Person entfernt. Welche der Aussagen bezüglich der Wahrnehmung der Person trifft zu?

a) Die Augen sind als Punkte die einzigen erkennbaren Einzelheiten im Gesicht.
b) Die Augen sind nur noch als Linie zu erkennen.
c) Das Gesicht ist nur noch ein heller Fleck.
d) Mund, Nase und Augen sind noch gut erkennbar.

5 Taktik

Die nachfolgenden Ausführungen zur Taktik im Einsatz basieren auf den Meinungen der Experten aus den Interviews und unseren eigenen Erfahrungen als Drohnenpiloten und Angehörige einer freiwilligen Feuerwehr. Dabei ist es von großem Vorteil, wenn alle Mitglieder des Drohnenteams auf einem ähnlichen Wissensniveau ausgebildet sind, um auch die Möglichkeiten und Grenzen der Kameraden im Team zu kennen.

5.1 Rollenverteilung im Einsatz

Sollen eine oder mehrere Drohnen als Einsatzmittel innerhalb einer BOS-Organisation geführt werden, ist es erforderlich, die Rollenverteilung im Einsatzfall vorab festzulegen und im Rahmen von Ausbildungsübungen zu verstehen und zu trainieren. Das Drohnenteam sollte als Staffel mit einem Staffelführer und drei bis sechs Angehörigen der Feuerwehr (AdF) direkt unter der Einsatzleitung angegliedert werden. Dabei sollte die Staffel aus den nachfolgenden Rollen bestehen, um eine effiziente Ausführung der Befehle des Einsatzleiters zu gewährleisten. Es ist üblich, diese Funktionen mit Faktor drei in der gesamten Mannschaft für Einsätze vorzuhalten. Das bedeutet bei sechs Personen, dass 18 Personen dieselbe Ausbildung durchlaufen haben.

Führungskraft: Dazu gehört wie bei jeder Gruppenorganisation die Führung des Drohnenteams, die von übergeordneter Stelle Aufträge zum jeweiligen Einsatz entgegennimmt und mit entsprechenden Maßnahmen eine mögliche Ausführung einleitet. Wenn beispielsweise von der Einsatzleitung ein Übersichtsbild zur besseren Orientierung oder Koordination gefordert wird, muss sich die Führungskraft innerhalb kürzester Zeit für einen Start- und Landepunkt entscheiden und die Anzahl der erforderlichen Luftraumbeobachter für die jeweilige Situation definieren. In der kleinsten Einheit ist die Führungskraft gleichzeitig der Drohnenpilot.

Drohnenpilot: Die wichtigste Funktion einer Drohneneinheit ist der Drohnenpilot, welcher redundant innerhalb der Organisation vorhanden sein sollte, falls eine einzelne Person nicht für einen Einsatz zur Verfügung steht. Jeder Drohnenpilot sollte über eine Mindestausbildung verfügen, um die gängigen Einsatzbefehle verstehen und ausführen zu können. Falls in der Organisation mehrere Drohnen als Einsatzmittel verfügbar sind, werden die einsatzbereiten Drohnenpiloten von der Führungskraft auf die erforderlichen Drohnen verteilt. In diesem Fall übernimmt auch die Führungskraft die Aufteilung der verschiedenen Start- und Landepunkte. Typischerweise ist der Drohnenpilot beim Kommandofahrzeug damit beschäftigt, auf das Videobild, die Telemetrie und die Anzeige der Fernsteuerung zu achten, um den Einsatzbefehl bestmöglich umzusetzen.

Luftraumbeobachter: Eine bewährte und äußerst hilfreiche Funktion einer Drohneneinheit ist der Luftraumbeobachter. Dieser unterstützt die Drohnenpiloten bei der Ausübung ihrer Tätigkeit und achtet im Luftraum auf Kollisionsgefahren. Während eines Einsatzes muss zur sicheren Flugdurchführung permanent sowohl die Drohne als auch der umgebende Luftraum durch ständige Sichtverbindung überprüft werden. Während der Drohnenpilot auf das Videobild schaut, kann der Luftraumbeobachter diesen auf andere Luftfahrzeuge sowie Hindernisse, Vögel usw. hinweisen. Vor jedem Start, insbesondere auch nach dem Akkuwechsel, muss sich der Luftraumbeobachter vergewissern, dass der Luftraum weiterhin frei für den Aufstieg ist und dies dem Drohnenpiloten bestätigen, sobald dieser startbereit ist. Wenn der Einsatzbefehl lautet, dass ein Übersichtsbild um ein betroffenes Gebäude herum an das Kommandofahrzeug übertragen werden soll, müssen sich an allen Ecken des Gebäudes Luftraumbeobachter befinden. Diese stehen in permanenter Funkverbindung zum Drohnenpiloten bzw. zur Führungskraft, falls mehrere Drohnenpiloten zum Einsatz kommen.

Hilfsperson: Es gibt zahlreiche Unterfunktionen, die von mehreren Hilfspersonen erledigt werden können, um den Missionsablauf für alle Beteiligten zu vereinfachen. Beispielsweise kann eine Hilfsperson neben dem Drohnenpiloten stehen, um mit einem Funkgerät die Kommunikation sicherzustellen. Eine weitere Hilfsperson kann sich um den Akkuwechsel und das Einstecken der leeren Akkus an die Ladeinfrastruktur kümmern, falls dies bei längeren

Einsätzen erforderlich ist. Die Hilfsperson kann weiter als Vorbereitung für den Einsatz den Start- und Landeplatz inklusive Beleuchtung aufbauen, absperren und die Drohnen gemäß Checkliste in Betrieb nehmen und einschalten, während der Drohnenpilot mit der Einsatzleitung bzw. Führungskraft die Mission im Detail bespricht. Sie kann auch bei der Auswertung der Sensordaten wie Foto oder Videobild helfen oder zusätzliche Nutzlast bedienen.

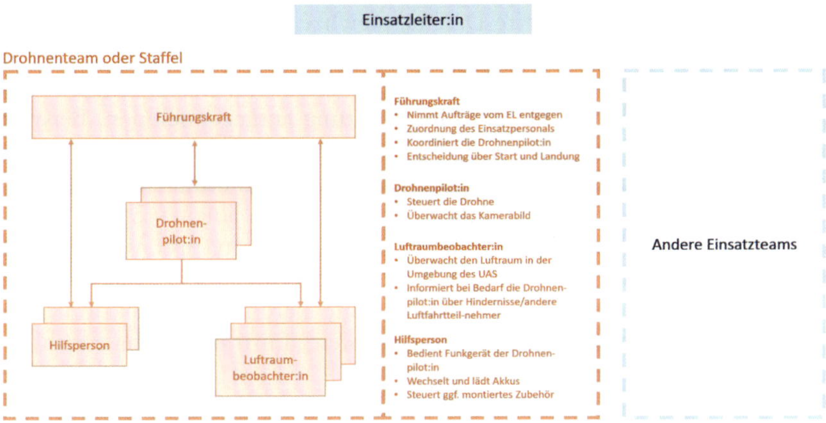

Abbildung 17: Rollenverteilung im Einsatz (Quelle: Sabrina John)

Durch die Definition dieser Rollen und deren Funktionen ist es einfacher, für die verschiedenen Einsatzszenarien eine einheitliche Rollenverteilung zwischen den eingesetzten Personen herzustellen. Kommt nur eine Drohne zum Einsatz, kann es bei einem Hausbrand eines Einfamilienhauses ausreichend sein, dass der Drohnenpilot gleichzeitig auch die Rolle der Führungskraft einnimmt. Je nach Höhe des Gebäudes kann es sinnvoll sein, auf der anderen Seite des Gebäudes zusätzlich einen Luftraumbeobachter zu platzieren, um auf Hindernisse wie naheliegende Bäume, Stromleitungen und herausragende Gebäudeteile hinzuweisen. Ist die Aufmerksamkeit des Drohnenpiloten auf die Auswertung des Bildschirms gerichtet und übt er zudem die Aufgaben der Führungskraft aus, ist es ratsam, eine Hilfsperson zur Unterstützung bei routinemäßigen Aufgaben wie Akkuwechsel oder zum Bedienen weiterer Sensoren und des Funkgeräts einzusetzen.

Eine taktische Drohneneinheit besteht somit aus mindestens drei bis sechs Personen, die sich aus einem Trupp von zwei bis drei Personen je Drohne und den weiteren oben beschriebenen Rollen zusammensetzen. Je größer das Einsatzszenario wird, desto größer wird auch der Bedarf an zusätzlichen Luftraumbeobachtern und Hilfspersonen. Bereits beim Betrieb von einer Drohne durch einen Drohnenpiloten und einen oder mehrere Luftraumbeobachter kann eine Führungskraft hilfreich sein, um die Kommunikation zu verbessern. Sobald eine zweite Drohne gleichzeitig in den Einsatz gebracht wird, muss zusätzlich zum weiteren Drohnenpiloten eine Führungskraft die Koordination der verschiedenen Drohnenpiloten und Luftraumbeobachter übernehmen und die Befehle der Einsatzleitung entgegennehmen. Beispielsweise wird das zu überblickende Areal bei einem Waldbrand zunehmend größer und die Anzahl der Einsatzkräfte vor Ort nimmt zu Beginn eines Einsatzes sehr schnell zu. Oftmals werden in einem solchen Szenario auch zusätzliche benachbarte Feuerwehreinheiten alarmiert und weitere Hilfskräfte, die nicht zur Feuerwehr gehören, hinzugerufen. Spätestens wenn der erste Hubschrauber angefordert wird, sollte bereits eine funktionierende Struktur aus Führungskraft, Drohnenpiloten, Luftraumbeobachtern und Hilfspersonen etabliert sein.

5.2 Die richtige Taktik für planbare Einsatzszenarien

Im Ernstfall ist es insbesondere bei komplexen Einsätzen sehr wichtig, zur richtigen Zeit das richtige Einsatzmittel am richtigen Ort zu verwenden. Das betrifft ebenso die neuesten und modernsten Einsatzmittel wie die unbemannten Luftfahrzeuge (Drohnen) und deren spezielle Sensorik (z.B. Wärmebildkamera) in der Luft. Der Einsatzleiter trägt während des gesamten Szenarios die volle Verantwortung für den Drohneneinsatz. Ein erfahrener Drohnenpilot kann ihn bei seinen Entscheidungen beraten und Empfehlungen aussprechen, welcher Drohnenflug sinnvoll ist und welche Mission möglicherweise mit einem anderen Einsatzmittel durchgeführt werden sollte. Ein Beispiel dafür wäre, wenn der Drohnenflug an einem bestimmten Ort unmöglich ist.

Typischerweise wird bei jedem Einsatz nach dem GAMS-Schema vorgegangen. Das bedeutet

- Gefahr erkennen,
- Absperrungen einrichten,
- Menschenrettung durchführen und
- gegebenenfalls Spezialkräfte anfordern.

5.2.1 Gefahren erkennen

Um mögliche Gefahren sicher zu erkennen, muss der Einsatzleiter die Einsatzstelle strukturiert nach den vorgeschriebenen AAAACEEEE-Gefahren beurteilen:

1. Ausbreitung
2. Atomare Strahlung
3. Atemgifte
4. Angstreaktion
5. Chemische Stoffe
6. Explosion
7. Einsturz
8. Elektrizität
9. Erkrankung

Insbesondere bei den Punkten Ausbreitung, Explosionsgefahren, Einsturzgefahren und bei der Erkennung einiger chemischer Stoffe kann die Drohne eine sehr gute Hilfestellung bieten. Heutzutage werden beispielsweise Gastanks häufig auf Dächern installiert, die von der Straße aus nicht eingesehen werden können. Im Brandfall kann durch eine Luftaufklärung per Drohne eine solche Gefahr schnell erkannt, die Einsatzkräfte entsprechend vorgewarnt oder der Einsatz anders durchgeführt werden. Auch die Feststellung und Beobachtung einer Gefahrstoffausbreitung kann für den weiteren Einsatzverlauf ausschlaggebend sein.

5.2.2 Absperrungen einrichten

Nachdem der Einsatzleiter die Gefahren erkannt hat, kann eine Drohne im nächsten Schritt beim Absperren der Einsatzstelle unterstützen, indem diese aus einer Höhe von 80 m bis 120 m über dem Einsatzgebiet ein Luftbild liefert, welches der Einsatzleiter nutzen kann, um die entsprechend abzusperrenden Gebiete festzulegen und diese den Staffel- oder Gruppenführern am Einsatzort zu übermitteln. Lagekarten werden heute in der Regel durch Ablaufen oder unter Zuhilfenahme von Satellitenbildern oder Archiv-Lageplänen, die zunächst herausgesucht werden müssen und möglicherweise nicht mehr aktuell sind, erstellt. Besonders bei weitläufigen Einsatzgebieten kann eine Lagekarte mithilfe von Drohnen schneller und gründlicher erstellt werden. Ein weiterer Vorteil liegt darin, dass nicht eingezeichnete Elemente wie Fahrzeuge mit einem Livebild ebenfalls erfasst werden können.

5.2.3 Menschenrettung durchführen

Im nächsten Schritt geht es um den wichtigsten Teil des Einsatzes: Menschenrettung. Dabei gibt es eine ganze Reihe von Einsatzmöglichkeiten der Drohne zur Unterstützung der Einsatzkräfte.

1. Suche nach vermissten Personen an Land, im Wasser, in einem Waldabschnitt, in schwer zugänglichen Gebieten sowie innerhalb von Wohnanlagen oder Industriegebäuden, die möglicherweise einsturzgefährdet sind
2. Unbeteiligte Personen über einen Lautsprecher an der Drohne informieren, warnen oder auffordern, einen Gefahrenbereich zu räumen
3. Zusätzliche Beleuchtung, z.B. als Fluchthilfe für Personen
4. Beobachtung von Waldbrandverläufen oder Verläufen von austretenden Gefahrstoffen aus der Luft
5. Frühzeitiges Erkennen von Einsturzgefahren und Schneelast sowie Kontrolle möglicher Schneeabgänge
6. Transport von Materialien wie Defibrillatoren oder Rettungswesten
7. Videoaufnahmen für die spätere Dokumentation und zur Beweissicherung

Darüber hinaus kann es vorkommen, dass sich während eines Einsatzes durch Autofahrer, welche vom Einsatz abgelenkt werden, ein weiterer Unfall in der näheren Umgebung der Einsatzstelle ereignet. Sofern dort ein weiterer Rettungseinsatz erforderlich wird, kann mit der Drohne ein erster Überblick über den Ernst der Lage erzeugt werden und dazu beitragen, die zusätzlich benötigten Einsatzkräfte effizienter einzuplanen.

5.2.4 Spezialkräfte anfordern

Im letzten Schritt des Einsatzes können bei Bedarf weitere Spezialkräfte angefordert werden. Unter anderem können zusätzliche bemannte oder unbemannte Fahrzeuge oder Luftfahrzeuge dabei helfen, mit weiteren Sensoren am Boden und aus der Luft eine bessere Aufklärung und Durchführung im Einsatz zu ermöglichen. Zu den aktuell verfügbaren Sensoren gehören:

- Lasersensoren zur Abstands- und Flächenbestimmung
- (Weitere) Wärmebildkameras
- Gassensoren aller Art
- Multispektralkameras
- Feuchtigkeitssensoren
- Druck- und Temperatursensoren
- Luftqualitäts- und Wasserqualitätssensoren
- Greif- und Tragevorrichtungen z.B. für die Verwendung von chemischen Messstreifen

Schlussendlich und maßgeblich kommt es bei der Wahl der richtigen Taktik auf die Erfahrungen des Einsatzleiters an. Dieser ist in der Verantwortung, das richtige Einsatzmittel am richtigen Ort zur richtigen Zeit einzusetzen. Bei der Technik inklusive der richtigen Sensorik und den Möglichkeiten im Luftraum kann der Drohnenpilot helfen.

5.2.5 Kontaktinformationen vorhalten

Es ist sinnvoll, sich im Voraus einen Überblick zu verschaffen, ob sich das Gebiet, in dem es zu Einsätzen kommen könnte, in einer Kontrollzone oder in der Nähe von Flugplätzen befindet. In dem Fall sollte vorab Kontakt zu den Verantwortlichen aufgenommen und Kontaktinformationen der zuständigen Flugverkehrskontrollstelle bzw. Flugplatzleitung in Erfahrung gebracht werden. Diese Auskünfte bekommt man über die Deutsche Flugsicherung (DFS) auf Anfrage. Diese sollten für das Drohnenteam als Teil des Emergency Response Plans leicht zugänglich zur Verfügung stehen, um Einsätze in den entsprechenden Bereichen koordinieren zu können.

5.3 Vorbereitung des Einsatzmittels Drohne

Einige der in Kapitel 4 vorgestellten Drohnenmodelle sind klappbar und teilweise müssen die Propeller noch auf die Motoren aufgesteckt werden, nachdem die Drohne aus dem mitgelieferten Koffer des Herstellers herausgeholt wurde. Für die meisten Drohnenanwendungen ist das kein Problem. Bei Einsätzen einer Feuerwehr oder einer anderen Rettungsorganisation zählt jedoch jede Minute. Es ist daher erforderlich, einen größeren, wetterfesten Koffer zu beschaffen, in dem sich die Drohne in ausgeklapptem Zustand und mit angebrachten Propellern startbereit befinden kann. Sollte hierfür im Einsatzfahrzeug, welches die Drohne(n) transportiert, nicht genügend Platz vorhanden sein, dann müssen die erforderlichen Handgriffe, um die Drohne(n) flugbereit auf dem Startpunkt zu positionieren, so intuitiv wie möglich gestaltet werden und dürfen nicht anfällig für Fehler sein.

Die Akkus und Wechsel-Akkus dürfen nicht in der Drohne, sondern müssen ebenfalls witterungsgeschützt in einem separaten Koffer untergebracht sein. Dabei ist in jedem Fall die zulässige Lagertemperatur des Herstellers zu beachten. Die Empfehlung ist, die Akkus immer bei Raumtemperatur zu lagern, wenn sie gerade nicht für einen Einsatz oder eine Übung benötigt werden. Dasselbe gilt für das Zubehör, insbesondere dann, wenn es über eigene Versorgungsakkus verfügt.

Außerdem muss jedem Drohnen-Koffer und jedem Akku-Koffer eine Checkliste beigelegt werden, in der die wesentlichen Punkte stehen, die vor jedem Start geprüft werden müssen.

5.4 Selbstkontrolle und Testfragen

(Lösungen siehe Seite 82)

1. Was ist besonders wichtig bei der Einrichtung von Absperrungen für den Flugbetrieb von Drohnen?

a) Sie müssen insbesondere bei Nachteinsätzen ausgeleuchtet werden und vor Übertretung durch andere Einsatzkräfte oder weitere Personen geschützt werden.
b) Die Absperrungen sind nur für den Start erforderlich, da die Landung immer zufällig an einem anderen Ort geschieht.
c) Die Größe des abgesperrten Bereichs muss exakt die Diagonale der ausgeklappten Drohne + 5 cm in alle Richtungen betragen.

2. Welche dieser Rollen müssen für einen Drohneneinsatz vorher innerhalb eines Drohnenteams gemeinsam geübt werden? 1. Führungskraft; 2. Drohnenpiloten; 3. Atemschutz; 4. Zugführer 5. Luftraumbeobachter; 6. Hilfspersonen

a) 1, 3 und 6
b) 1, 2, 5 und 6
c) Alle

3. Wie sollte die Drohne für einen schnellen Einsatz gelagert und transportiert werden?

a) In einem Koffer, der eine schnelle Einsatzbereitschaft idealerweise im flugfertigen Zustand erlaubt.
b) Es ist nur im mitgelieferten Koffer oder in der Umhängetasche des Herstellers erlaubt.
c) Auf dem Dach des Löschfahrzeugs, um ein schnelles Starten und Landen zu ermöglichen.

6 Einsatz

6.1 Vor Ankunft am Einsatzort

Die Rollenverteilung innerhalb jeder Einheit muss zuvor im Rahmen von Einsatzübungen festgelegt werden. Sofern die Einheit mit nur einer Drohne ausgestattet ist, sollten mindestens zwei Drohnenpiloten und mindestens vier Luftraumbeobachter für den Einsatzfall ausgebildet werden. Sollten nur ein Pilot und zwei bis drei Luftraumbeobachter am Einsatzort erscheinen, reicht dies für die meisten Einsätze an kleinen bis mittleren Bauwerken oder ähnlichen Objekten, welche die direkte Sicht des Drohnenpiloten auf die Drohne verhindern, aus. Allerdings können kleinere Drohnenteams möglicherweise größere Sicherheitsrisiken im Hinblick auf Kollisionen mit Personen oder Objekten darstellen. Da Drohnenpiloten und Luftraumbeobachter nicht zwangsläufig einen Dienstgrad mit einem eigenen Funkgerät haben, sollten zusätzliche Funkgeräte einsatzbereit sein und für die Kommunikation ein eigener Kanal genutzt werden. Diese Funkgeräte sollten entweder im Einsatzleitwagen (ELW) oder in einem gesonderten Fahrzeug, welches die Drohnenausrüstung transportiert, aufbewahrt werden. Dabei ist die Anzahl der Funkgeräte abhängig von der größtmöglichen Anzahl möglicher Einsatzkräfte in einem Einsatzfall mit Drohne. Bei einem Standardszenario von zwei Drohnenpiloten, vier Luftraumbeobachtern und einer Drohne benötigt der Drohnenpilot bzw. die neben ihm stehende Hilfsperson ein Funkgerät, ebenso wie jeder Luftraumbeobachter.

Sobald der Alarm eingegangen ist, beginnt der Einsatz. Zu diesem Zeitpunkt wird im Fahrzeug, in dem sich die Drohne befindet, der Akkukoffer auf „Vollladen“ gestellt, wodurch auf der Fahrt der erste Akku bzw. das erste Akkupaar aus der Lagerladung von weniger als 90 % auf 100 % aufgeladen wird. Sollten die Akkus separat und nicht in einem ladefähigen Akkukoffer gelagert sein, wird mindestens ein Akku zum „Vollladen“ im Fahrzeug eingesteckt, während das Fahrzeug das Feuerwehrdepot verlässt und zum Einsatzort fährt. Damit kann die maximale Flugzeit bereits mit dem ersten Flugakku(paar) gewährleistet werden.

6.2 Während des Einsatzes

Am Einsatzort angekommen, werden die Funktionen zugeordnet. Je Drohne wird mindestens der Trupp aus Drohnenpilot und Luftraumbeobachter definiert. Falls mehrere Drohnen gleichzeitig eingesetzt werden müssen, wird ein übergeordneter Staffelführer bestimmt. Dieser kommuniziert direkt mit dem Einsatzleiter und erfüllt die Rolle der Führungskraft. Er definiert auch, wie viele weitere Luftraumbeobachter für diesen Einsatz erforderlich sind. Sobald alle erforderlichen Personen in Position und die Einsatzmittel einsatzbereit sind (Drohne mit Startplatz und Pilot mit Fernsteuerung betriebsbereit in der Hand), wird die Führungskraft informiert und das erste Kommando des Einsatzleiters ausgeführt, wie z.B. ein Live-Übersichtsbild an den Einsatzleitwagen (ELW) zu senden. Dazu muss zunächst die Kommunikation zwischen Drohnenpilot, Luftraumbeobachter und ggf. Staffelführer als Führungskraft hergestellt werden. Anschließend läuft jeder Befehl nach dem typischen Führungsprozess einer Feuerwehr ab:

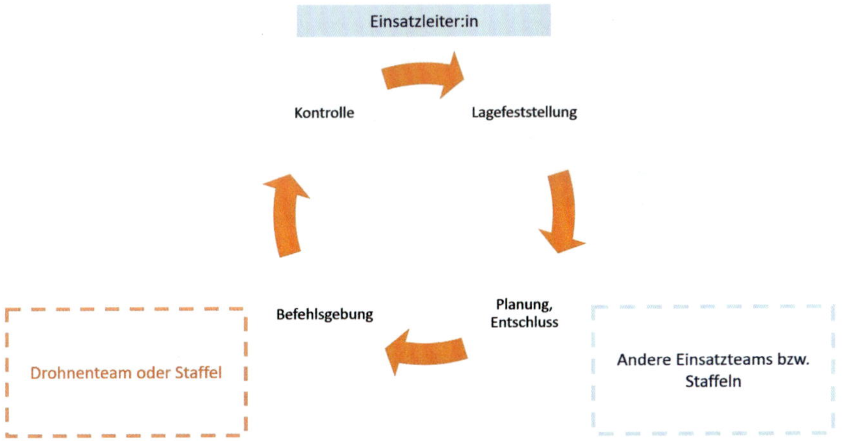

Abbildung 18: Typischer Führungsprozess einer Feuerwehr (Quelle: Nico Ninov)

6.2.1 Aus der Praxis

Der Ablauf einer erfolgreichen Kommunikation zwischen Drohnenpilot, Luftraumbeobachter, Führungskraft und Einsatzleiter soll an einem Beispiel aus einem tatsächlich stattgefundenen Feuerwehreinsatz dargestellt werden. Bei diesem Einsatz handelte es sich um einen Hallenbrand in einem Industriegebiet in der Nacht. Die betroffene Halle hatte drei Stockwerke mit Schrägsegmenten auf einem ansonsten geraden Dach und verfügte über eine Gesamtlänge von 250 m.

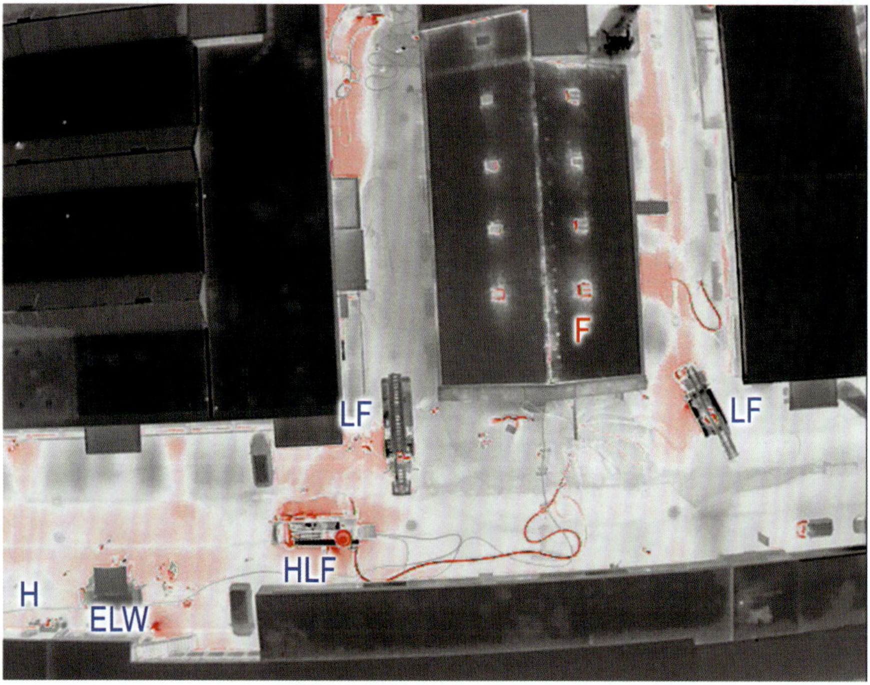

Abbildung 19: Übersichtsbild mit der Drohne mit der Wärmebildkamera. LF = Löschgruppenfahrzeug; HLF = Hilfeleistungslöschfahrzeug; ELF = Einsatzleitwagen; H = Landeplatz der Drohne; F = Brand. (Quelle: Nico Ninov)

Abbildung 20: Übersichtsbild mit der Drohne mit der RGB-Kamera.
LF: Löschgruppenfahrzeug; HLF: Hilfeleistungslöschfahrzeug; ELF: Einsatzleitwagen; H: Landeplatz der Drohne; F: Brand (Quelle: Nico Ninov)

Als erstes kamen der Einsatzleiter und ein Drohnenpilot samt der Drohne – einer Mavic Enterprise Advanced mit Wärmebildkamera (Auflösung 640 x 480 px bei 30 Bildern pro Sekunde ohne Zoom) im Einsatzleitwagen an der Einsatzstelle an. Das Löschgruppenfahrzeug traf zum gleichen Zeitpunkt am Einsatzort ein. Während der erste Löschangriff direkt vom Löschgruppenfahrzeug auf der Seite des Gebäudes vorbereitet wurde, an dem der Rauch austrat, befahl der Einsatzleiter dem Drohnenpiloten, ein Übersichtsbild anzufertigen, um sich eine Vorstellung vom gesamten Ausmaß des Brandes und der Nähe zu Nachbargebäuden machen zu können.

Da es nicht regnete, konnte der Drohnenpilot ohne Probleme mit der kleinen Mavic Enterprise Advanced starten, nachdem er seine Checkliste gemeinsam mit einer Hilfsperson abgearbeitet hatte. Den Start führte der erfahrene Drohnenpilot direkt aus der Hand durch, indem er mit der rechten Hand die Drohne unterhalb der Rotoren in die Luft hielt (Handschuhe sind dabei Pflicht) und mit der linken Hand den Gashebel nach oben bewegte, bis die Drohne knapp über ihm schwebte. Die Hilfsperson baute gleichzeitig den Start- und Landeplatz neben ihm auf und und leuchtete diesen für die Landung aus. Das erste Übersichtsbild wurde zwei Minuten später auf dem Bildschirm der Fernsteuerung sichtbar und konnte mittels der Hilfsperson als Live-Stream über HDMI-Kabel an den großen Touchscreen am Kommandofahrzeug angeschlossen und angezeigt werden.

Auf Grundlage der Drohnenbilder befahl der Einsatzleiter zwei weitere Löschangriffe mit Transportleitungen vom nächsten Hydranten von derselben Seite sowie von der Rückseite des Gebäudes. Im Anschluss erhielt der Drohnenpilot den Auftrag, nach Gefahrenquellen wie z.B. Gastanks oder Ähnlichem aus der Luft zu suchen. Da nur eine Drohne zum Einsatz kam, stand während der Durchführung des zweiten Auftrags das Live-Übersichtsbild nicht mehr zur Verfügung. Der Einsatzleiter arbeitete währenddessen mit der abgedruckten Momentaufnahme, in die die weiteren eintreffenden Einsatzfahrzeuge und -mittel per Touchscreen von einer Hilfsperson eingezeichnet wurden. Langsam setzte Regen ein. Der Drohnenpilot wies den Einsatzleiter darauf hin, dass er zeitnah landen müsse, um die Kontrolle über die Drohne nicht zu verlieren bzw. diese nicht zu beschädigen. (Falls Wasser in eine nicht regengeschützte Drohne eindringt, besteht die Gefahr, dass einzelne Funktionen ausfallen bis hin zur Unkontrollierbarkeit.) Da inzwischen auch die regengeschützte Drohne (Hersteller DJI, Modell Matrice 210 V2) in einem anderen Einsatzfahrzeug eingetroffen war, befahl der Einsatzleiter einem weiteren Drohnenpiloten, diese betriebsbereit zu machen und den Suchauftrag des ersten Piloten fortzusetzen.

Das statische Übersichtsbild war inzwischen 20 Minuten alt und der Brand noch nicht gelöscht. Der Drohnenpilot forderte beim Einsatzleiter zwei Luftraumbeobachter an, die sich an die entfernten Enden der Halle begeben sollten. Allerdings war nur ein Luftraumbeobachter verfügbar. Dieser bekam ein Funkgerät ausgehändigt und seinen Auftrag direkt vom Drohnenpiloten erklärt. (Wasserfeste Funkgeräte haben über einen Anhänger einen analogen Kompass montiert. Dieser hilft bei der präzisen Kommunikation zwischen dem Luftraumbeobachter und dem Drohnenpiloten, um dem Drohnenpiloten sich nähernde Luftfahrzeuge mit eindeutiger Richtungsangabe anzukündigen. Dieser hat an seiner Fernsteuerung immer eine Übersichtskarte, bei der Norden immer oben ist und die Position und Ausrichtung der Drohne mit einem roten Pfeil sofort erkennbar ist.) Der Luftraumbeobachter ging am entfernten Ende der Halle in Position und bestätigte dem Drohnenpiloten, dass er die Drohne für ihn im Blick habe.

Der Drohnenpilot suchte systematisch die nähere Umgebung nach Gefahrenquellen ab und entdeckte dabei, dass nach 20 Minuten weiterhin nur von einer Gebäudeseite gelöscht wurde. Ihm fiel außerdem auf, dass auf der anderen Gebäudeseite, auf der keine Fenster waren, eine Lüftungsöffnung auf dem Bild der Wärmebildkamera sehr heiß erschien. Dies meldete er unverzüglich dem Einsatzleiter, der einen weiteren Feuerwehrmann mit einer Hand-Wärmebildkamera auf das gegenüberliegende Dach zur Bestätigung beorderte.

Einer der Luftraumbeobachter entdeckte derweil einen Hubschrauber mit Suchscheinwerfer an Bord, der sich aus westlicher Richtung näherte. Dies teilte er dem Drohnenpiloten mit dem Funkspruch „Bemannte Luftfahrt aus Westen auf direktem Kurs“ mit. Der Drohnenpilot wusste mithilfe der Karte, dass er die Drohne in östliche Richtung (auf der Karte nach rechts) ausgerichtet losfliegen und zügig sinken lassen musste. Es handelte sich um einen Hubschrauber der Polizei, die zur Unterstützung die Einsatzstelle ausleuchten sollte. Inzwischen hatte es aufgehört zu regnen, so dass die Mavic Enterprise Advanced – die erste Drohne – ebenfalls wieder eingesetzt werden konnte. Der Einsatzleiter war intensiv mit der Löschung beschäftigt, da er prüfen musste, weshalb sein Löschbefehl aus der zweiten und dritten Richtung noch nicht umgesetzt worden war. Er befahl ein aktuelles Übersichtsbild per Drohne, während er die betroffenen Offiziere per Funk anwies, einen Statusbericht abzugeben.

Eine Einsatzkraft der Polizei, welche ebenfalls als unbeteiligter Beobachter vor Ort war, meldete dem Einsatzleiter, dass der Polizeihubschrauber aus der Luft gemeldet habe, dass auffällig wenig Löschangriffe auf das Gebäude ausgeführt würden. Daraufhin teilte der Einsatzleiter dem Polizeihubschrauber einen Bereich in einer Höhe von 120 m zu, von dem aus die Einsatzstelle gut ausgeleuchtet werden konnte und ein gleichzeitiger Drohnenbetrieb bis 80 m Höhe und seitlich versetzt möglich war. Hierbei war der Downwash-Effekt des Hubschraubers zu beachten, der die Drohne unsteuerbar gemacht hätte, wenn diese zu nah an den Hubschrauber herangeflogen wäre. Der Einsatzleiter benannte einen verfügbaren Gruppenführer als Führungskraft des Drohnenteams, der ab sofort auch die Kommunikation zwischen den beiden Drohnenpiloten, den Luftraumbeobachtern und dem Verbindungsmann der Polizei zum Hubschrauber übernahm. Die Führungskraft bekam vom Einsatzleiter den Befehl zur Aufklärung der Situation in 80 m über und in unmittelbarer Umgebung der Halle.

Die Führungskraft sendete auf Befehl, beide Drohnen aufsteigen zu lassen: Die größere Matrice 210 V2 für ein aktuelles Übersichtsbild und die Mavic EA für den Suchauftrag nach Gefahrenquellen und weiteren Auffälligkeiten wie z.B. unerwartete Personen auf dem Dach oder in der Umgebung der Halle, da diese Drohne in der Luft etwas agiler war und besser zwischen Gebäuden manövrieren konnte. Die auffällig heiße Lüftungsöffnung wurde sowohl mit der Wärmebildkamera aus der Luft als auch von einem weiteren Feuerwehrmann mit einer Wärmebildkamera in der Hand von dem gegenüberliegenden Dach aus bestätigt.

Außerdem entdeckte der Drohnenpilot mit dem Suchauftrag zwei große Propangastanks in unmittelbarer Nähe zur Halle auf der entfernten Seite der Halle; eben auf der Seite, wo kein Luftraumbeobachter stand. Der Luftraumbeobachter wurde angewiesen, seinen Sicherheitsabstand zur Halle bzw. zu den Tanks zu erhöhen. Zusätzlich wurden weitere Maßnahmen ergriffen, um die Ausbreitung des Feuers in diese Richtung zu verhindern. Außerdem wurden inzwischen auch die beiden anderen Löschangriffe durchgeführt, nachdem ein Missverständnis bei der Befehlsausführung durch das aktuelle Übersichtsbild der Drohne aufgeklärt werden konnte. Der Brand wurde nach ca. 45 Minuten gelöscht. Anschließend wurde mit einer Wärmebildkamera nach Glutnestern gesucht.

Dies ist ein typisches Einsatzszenario, welches mit der Zeit „wächst" und zunehmend an Komplexität gewinnt. Da das Drohnenteam aus Führungskraft, Drohnenpiloten und Luftraumbeobachtern gemeinsam eingeübt war, konnten zielführende Entscheidungen schnell getroffen werden. Es ist denkbar, dass in einer anderen Konstellation mit nur einem Piloten und einer Drohne diese spätestens mit Beginn des Regens oder nach Auftauchen des Hubschraubers nicht mehr hilfreich gewesen wäre und ggf. Gefahrenquellen wie die Propangastanks oder die Tatsache, dass zwei der drei Löschangriffe noch nicht begonnen wurden, erst später entdeckt worden wären. Möglicherweise wäre es dann auch schon zu spät gewesen.

Eine rechtzeitige Gefährdungsbeurteilung für bestimmte Szenarien im Vorfeld während verschiedener Einsatzübungen ist daher sehr wichtig, damit kein Mitglied des Drohnenteams „improvisieren" muss, um das gewünschte Ergebnis zu liefern.

6.2.2 Gefährdungsbeurteilung und Risikomanagement

Grundsätzlich ist es erforderlich, sowohl vor als auch während eines Einsatzes eine Risikobewertung durchzuführen. Neben den offensichtlichen Gefahren am Boden durch Abstürze, drehende Rotoren, Notlandungen oder Kollisionen mit anderen Objekten wie Gebäuden oder anderen Luftfahrzeugen sind eine Reihe weiterer Gefahren zu berücksichtigen, die zu Sach- und Personenschäden führen könnten. Dazu gehören Materialermüdung und Verschleiß, insbesondere bei den Akkus und Motoren, denen nach jedem Einsatz bei der Materialkontrolle und Wartung nach einem Wartungsplan entgegengewirkt werden kann. Witterungsbedingte Risiken während des Fluges sowie der Einfluss von Tieren wie z. B. von Greifvögeln oder Vogelschwärmen in der Luft können weitere Gefahren verursachen, die nicht beeinflussbar sind. Auch eine Gefährdungsbeurteilung zur Einhaltung des Arbeitsschutzrechts ist erforderlich bei der Missionsvorbereitung, Durchführung und bei der Auswahl der Drohnen sowie dem Ausbildungsniveau der unterschiedlichen Rollen (vgl. Kapitel 4).

6.2.3 Drohnenmanagement

Ein effizientes und professionelles Drohnenmanagement ist auch im Hinblick auf das Akkumanagement und besondere Verfahren beim Drohnentausch während eines Einsatzes relevant und muss eingeübt werden. Dies wird auch aus dem beschriebenen Einsatzszenario im Abschnitt „Aus der Praxis“ deutlich. Eine Hilfestellung dafür bietet eine Checkliste, welche für die Verwendung von zwei oder mehr Drohnen in einer Einheit ausgelegt ist. Auch Einheiten mit nur einem oder zwei Drohnenpiloten und einer Drohne können sich daraus eine vereinfachte Variante ableiten.

■ Akkumanagement

Das Akkumanagement während eines Einsatzes wird in den meisten Fällen von Hilfspersonen geleistet, die nicht direkt am Flug oder am Einsatz beteiligt sind. Dabei sollte ein gesondertes Logbuch über die Anzahl der Ladezyklen und das Alter des jeweiligen Akkus geführt werden, um Alterungserscheinungen vorzubeugen. Darin werden auch besondere Ereignisse festgehalten, wie der Einsatz bei Umgebungstemperaturen von mehr als 35 Grad Celsius oder weniger als -5 Grad Celsius, wenn eine Mavic Enterprise Advanced verwendet wird. Für andere Drohnenmodelle sind gegebenenfalls abweichende Umgebungstemperaturen während der Benutzung zulässig. Diese dürfen keinesfalls mit der zulässigen Lagertemperatur des Herstellers verwechselt werden, da diese meist einen größeren Temperaturbereich umfasst. Außerdem müssen Drohnen, die mit zwei oder mehr Akkus gleichzeitig fliegen, immer mit denselben Akkupaaren fliegen, um die längstmögliche Flugzeit und Lebensdauer zu erreichen. Diese werden typischerweise durch Buchstaben und/oder Zahlen gekennzeichnet. Das Akkupaar sollte zum Beispiel mit der Kennzeichnung „A.1 und A.2“ versehen und immer gemeinsam in einer Drohne verwendet und auch gemeinsam an der Ladestation geladen werden. Die erste und zweite Akkuwarnstufe kann der Drohnenpilot vor jedem Flug selbst in der Software an der Fernsteuerung konfigurieren. Typischerweise liegt diese bei 25 % und 20 %, welche für neuere Akkus für die ersten 50 Ladezyklen realistisch ist.

Die meisten Drohnensysteme geben die Anzahl der bereits durchgeführten Ladezyklen in der Software an. Bei mehr als 100 durchgeführten Ladezyklen sollten die jeweiligen Akkus beispielsweise mit: „Entladung bis max. 30 %" und bei mehr als 200 durchgeführten Ladezyklen „Entladung bis max. 40 %" gekennzeichnet werden. Auch wenn manche Hersteller mehr Ladezyklen angeben, ist es empfehlenswert, Lithium-Polymer-Akkus nach 200 Ladezyklen nicht mehr für den BOS-Einsatz zu verwenden. Diese können weiterhin als „Powerbank" für die Bodenausrüstung genutzt oder schließlich fachgerecht entsorgt werden.

Weiterhin ist zu empfehlen, bereits zu Beginn des Einsatzes Akkus dauerhaft an der Ladestation zu haben, da sich diese automatisch nach wenigen Tagen (zwischen 1–10 Tage einstellbar) während der Lagerung über einen Innenwiderstand mindestens auf 90 % oder weniger entladen. Nach jeder Landung ist es wichtig, dass eine Hilfsperson den entladenen Akku sofort in die Ladeinfrastruktur mit aktiver Kühlung einsteckt, da dieser zunächst eine kurze Abkühlphase braucht. Dies ist insbesondere dann erforderlich, wenn die Anzahl der Akkus beschränkt ist, so dass die Zeit, die die Drohne in der Luft sein kann, sehr knapp bemessen ist. Die genaue Berechnung einer geeigneten Anzahl an Akkus kann im Abschnitt Technik nachgelesen werden.

■ Verfahren Drohnentausch

Sobald eine Drohneneinheit über mehr als eine Drohne verfügt, bietet es sich an, die Drohne in der Luft „auszutauschen", um während des Akkuwechsels eine höhere Verfügbarkeit im Einsatz zu ermöglichen. Auch wenn der Einsatzleiter nur eine Perspektive oder einen Suchauftrag befohlen hat, kann dies auch an einem Ort in mehreren Kilometern Entfernung permanent durchgeführt werden, ohne dass zeitkritische Unterbrechungen für einen Akkuwechsel erforderlich sind. Bei Einheiten mit mehr als einer Drohne kann dadurch ein kontinuierlicher Live-Stream für die Einsatzleitung zur Verfügung gestellt werden, indem bei der ersten Akkuwarnung der ersten Einsatzdrohne ein zweiter Drohnenpilot die zweite Drohne startet und eine seitlich leicht versetzte Flugposition wenige Meter neben und unter der ersten Drohne einnimmt. Sobald die Kamera der zweiten Drohne entsprechend dem Einsatzbefehl für die erste Drohne ausgerichtet ist, kann der Livestream-Kanal am Bildschirm für den Einsatzleiter umgeschaltet werden. Anschließend kann die erste Drohne zum Akkuwechsel zurückfliegen. Hierfür kann auch die Return-to-Home Funktion genutzt werden, da diese sich über und neben der zweiten Drohne befindet und somit bei einem Aufstieg auf die Soll-Höhe eine Kollision mit der zweiten Drohne ausgeschlossen werden kann.

6.2.4 Besonderheiten am Einsatzort

Besonders bei größeren Einsätzen, die über einen längeren Zeitraum andauern, kann es vorkommen, dass sich im kontrollierten Bereich am Boden für Start und Landung zunehmend weitere Einsatzkräfte aufhalten, wie zum Beispiel die Polizei oder medizinische Rettungskräfte, die auf ihren Einsatz nach dem Löschen des Brandes oder dem Fund vermisster Personen warten. Daher ist ein gut gekennzeichneter Start- und Landebereich idealerweise mit einem weiteren Notlandebereich sinnvoll, falls eine Landung am ursprünglichen Startpunkt nicht möglich ist.

Bei Wasserrettungen wird empfohlen, von vornherein einen Lautsprecher an der Drohne anzubringen, um eine gefundene Person, die sich beispielsweise an einem Ast oder Stein festhält, auf die bevorstehende Rettung vorzubereiten und entsprechend anzuweisen.

Dasselbe gilt für ein zusätzliches Leuchtmittel an der Drohne, wie zum Beispiel einen Suchscheinwerfer bei Einsätzen in der Nacht oder in dunklen oder schwer zugänglichen Bereichen wie einem Höhlenvorsprung im Gebirge.

6.2.5 Zusammenspiel von unbemannten und bemannten Luftfahrzeugen an der Einsatzstelle

Es kann regelmäßig vorkommen, dass Drohnen und bemannte Luftfahrzeuge wie Helikopter an Einsatzstellen gleichzeitig zum Einsatz kommen. Während die Drohnen dabei helfen sollen, einen Überblick über die Gefahrenlage zu geben, kommen Helikopter zum Einsatz, um zum Beispiel Ärzte zur Unfallstelle zu bringen, Patienten zum Transport in Kliniken aufzunehmen, bei der Suche nach Vermissten zu unterstützen oder lediglich um den Gefahrenplatz gezielt in der Nacht auszuleuchten.

Annäherungen vermeiden

Die räumliche Nähe der jeweiligen Einsatzmittel im Luftraum birgt gewisse Gefahren in Form von gefährlichen Annäherungen bis hin zu Zusammenstößen. Wichtig ist hierbei das Prinzip der Rücksichtnahme. Helikopterpiloten können aus dem Cockpit heraus Drohnen nur schwer erkennen. Dies hängt nicht nur mit der Größe der Fluggeräte zusammen, sondern auch damit, dass die Helikoptercrew beim Anflug auf eine Einsatzstelle vorrangig mit der Suche nach einer geeigneten Landestelle beschäftigt ist und in dieser Situation die Wahrnehmung von Drohnen nur sehr eingeschränkt möglich ist. Damit liegt die Verantwortung insbesondere bei den Fernpiloten, Annäherungen zwischen den Luftfahrzeugen zu vermeiden.

Eine weitere Gefahrenquelle liegt in den Abwinden (im Englischen Downwash genannt), die durch die Rotorblätter der Helikopter erzeugt werden. Drohnen, die in diesen Bereich einfliegen, können von den entstehenden Luftverwirbelungen erfasst werden und dabei die Orientierung verlieren. Ein Eingreifen bzw. Gegensteuern durch die Fernpiloten ist in der Regel nicht möglich und ein Absturz der Drohne damit wahrscheinlich.

Verfahren

Der Einsatzleiter fordert in der Regel Helikopter an und steht dadurch in Kontakt mit der Rettungsleitstelle bzw. teilweise mit der Helikoptercrew direkt und kann damit eine Einschätzung abgeben, wann der angeforderte Helikopter voraussichtlich eintreffen wird. Insofern ist eine enge Abstimmung zwischen der Einsatzleitung und den Fernpiloten wichtig.

Folgendes Vorgehen wird empfohlen:

- Auf Anweisungen der Einsatzleitung achten und ihnen umgehend Folge leisten.
- Sollte keine Anweisung durch die Einsatzleitung erfolgt sein, jedoch ein Helikopter durch die Fernpiloten bzw. die Luftraumbeobachter zu sehen oder zu hören sein, sollte der Drohnenbetrieb umgehend unterbrochen und das UAS zur Landung gebracht werden.

- Nachdem der Helikopter gelandet ist, sollte der Drohnenbetrieb erst nach Absprache mit dem Einsatzleiter wieder aufgenommen werden. Verbleibt der Helikopter längere Zeit am Boden, kann in der Zwischenzeit gegebenenfalls der Drohnenbetrieb wieder aufgenommen werden. Startet der Helikopter unmittelbar wieder, sollte das UAS für die Zeit am Boden bleiben. Das entsprechende Vorgehen sollte mit dem Einsatzleiter in jedem Fall abgestimmt werden.

6.3 Nach dem Einsatz

Nach jedem Einsatz werden die Akkus auf Lagerspannung (90 %) geladen und die Geräte vollständig gereinigt und ggf. abgetrocknet, falls der Einsatz bei hoher Luftfeuchtigkeit, Kälte oder im Regen stattgefunden hat. Die Drohnen und das benutzte Zubehör werden des Weiteren auf Beschädigungen oder Verschleiß hin geprüft. Auch hierfür wird eine Checkliste empfohlen, welche typischen Ausfallerscheinungen vorbeugen soll. Dazu gehören:

- Beschädigungen (auch leichte Risse) am Gehäuse oder an den Propellern
- Verschmutzungen an der Sensorik wie beispielsweise an den Kameras für die Hinderniserkennung oder den Ultraschallsensoren zur Abstandsmessung
- Verschmutzungen an den Motoren des Gimbals, die dem Piloten ggf. nicht im Flug auffallen.
- Lockere Schrauben, mit denen die Propeller am Schnellverschluss befestigt sind und die durch Vibrationen entstehen.
- Lockere Kontakte an der Fernsteuerung durch Bewegung der Antennen im Einsatz oder beim Transport.
- Lockere Steuerknüppel an der Fernbedienung, falls diese dauerhaft in der Fernsteuerung belassen werden.
- Verrutschter Modus-Schalter, wenn beim Einsetzen in den Koffer bzw. Rucksack zum Beispiel von der gewünschten Mittelstellung der P-Modus (GPS-Position-Hold) auf den S-Modus (Sportmodus) oder den T-Modus (Tripod) umgeschaltet wird etc.

Abbildung 21: Ein kleiner Riss an der Verschraubungsstelle einer DJI Mavic Enterprise Advanced verursacht durch Vibrationen (Quelle: Nico Ninov)

6.4 Selbstkontrolle und Testfragen

(Lösungen siehe Seite 82)

1. Ein Akkupaar weist bereits 160 durchgeführte Ladezyklen auf. Wie müssen die Akkus gekennzeichnet werden?

a) „Entladung bis max. 20 %"
b) „Entladung bis max. 30 %"
c) „Entladung bis max. 40 %"

2. Wie sollte man sich als Drohnenpilot korrekterweise verhalten, wenn ein Helikopter sich hörbar der Einsatzstelle nähert?

a) Den Betrieb unbeirrt fortsetzen.
b) Mit der Drohne der Helikoptercrew zeigen, wo sie landen kann.
c) Auf Anweisungen der Einsatzleiter achten und im Zweifelsfall die Drohne zur Landung bringen.

3. Wie sollte ein Drohnentausch idealerweise erfolgen?

a) Zunächst die erste Drohne zur Landung bringen und anschließend die zweite Drohne starten, damit Kollisionen ausgeschlossen werden können.
b) Die erste Drohne bleibt in der Luft, während eine zweite Drohne direkt über der ersten Drohne positioniert wird.
c) Die erste Drohne bleibt in der Luft, während eine zweite Drohne seitlich leicht versetzt wenige Meter neben und unter der ersten Drohne positioniert wird.

4. Was sollte nach jedem Einsatz der Drohnen erfolgen?

a) Die Drohnen ordentlich mit einem Schlauch abspritzen, um Verunreinigungen zu entfernen.
b) Auf Beschädigungen am Gehäuse und den Propellern untersuchen.
c) Die Drohnen noch so lange in der Luft halten, bis die Akkus auf unter 10 % sind.

7 Literatur- und Quellenverzeichnis

[1] Artikel 2 Durchführungsverordnung (EU) 2019/947

[2] Veröffentlichung des Bundesamts für Bevölkerungsschutz und Katastrophenhilfe „Empfehlungen für gemeinsame Regelungen zum Einsatz von Drohnen im Bevölkerungsschutz“ von Mai 2019

Lösungen

Lösungen zu Kapitel 3.4: 1. b), 2. b), 3. c), 4. a)

Lösungen zu Kapitel 4.4: 1. b), 2. a), 3. d)

Lösungen zu Kapitel 5.4: 1. a), 2. b), 3. a)

Lösungen zu Kapitel 6.4: 1. b), 2. c), 3. c), 4. b)